這世界，是留給膽子大的人

職場作家　職涯導師
洪雪珍　著

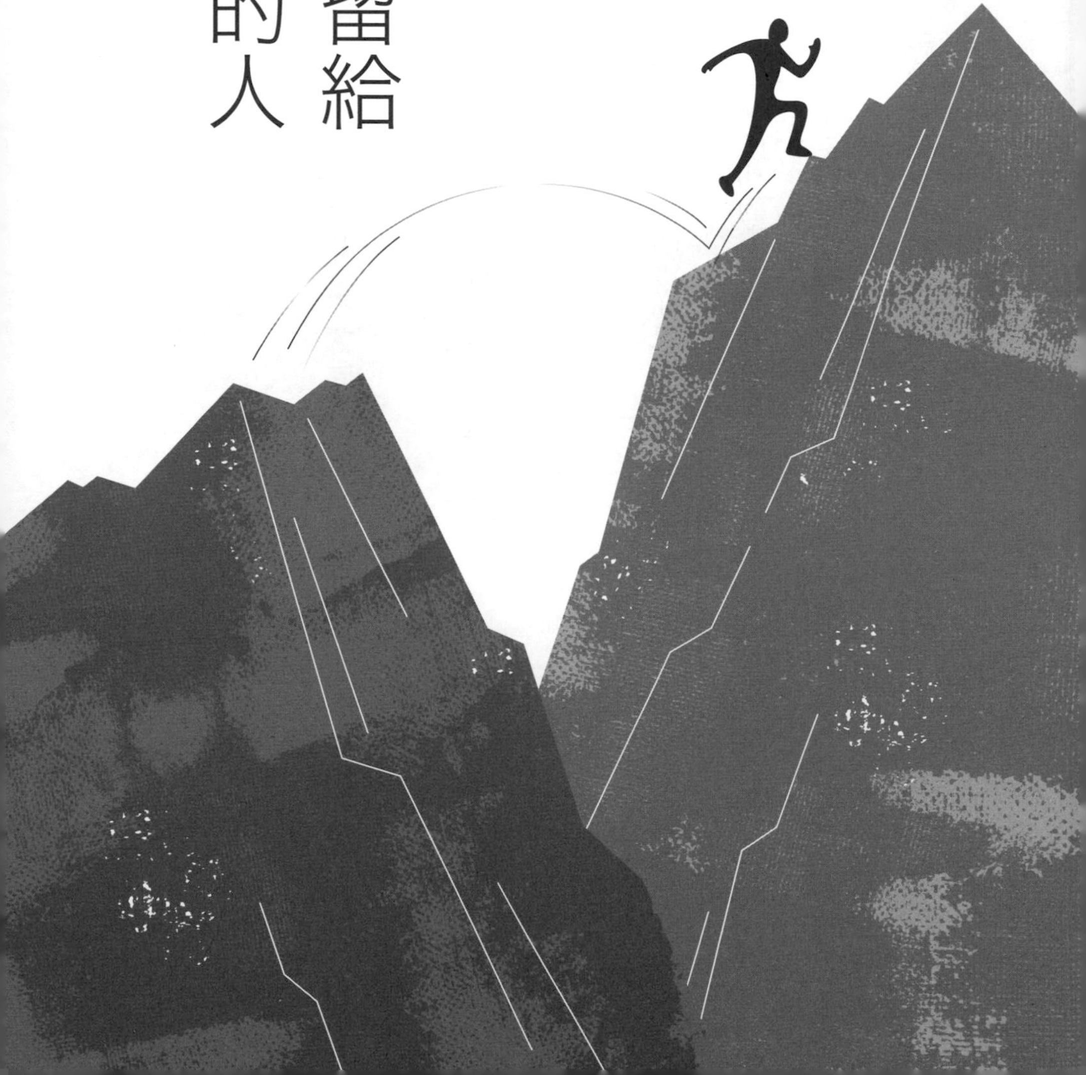

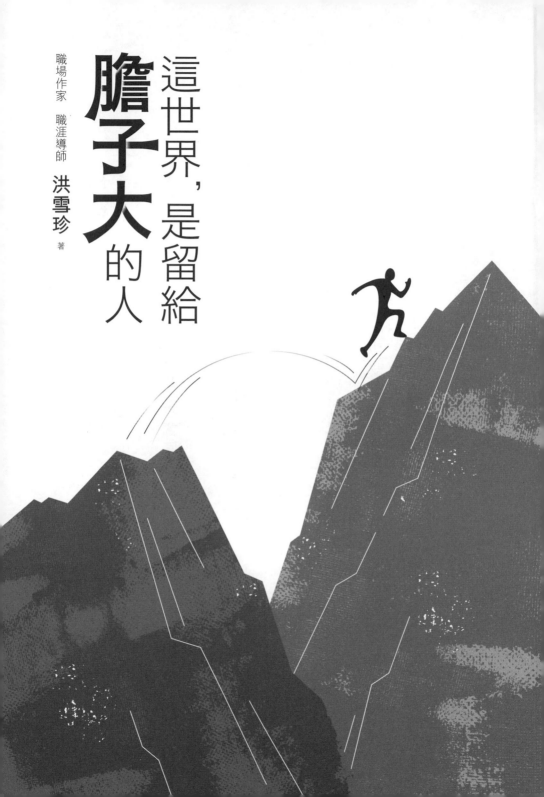

目錄
CONTENTS

第2章 膽子大一點，付出代價，做出正確選擇 067

第3章 膽子大一點，改變性格，決定命運 117

第5章 膽子大一點，握住人生主導權，持續成長

〈作者序〉

每次冒一點小險，職涯就不會危險

你若失去財產，你只失去一點；
你若失去榮譽，你就會失去許多；
你若失去勇敢，你就會把一切失去。

——歌德（德國作家）

很多人都不知道，職涯就是會有風險，我們是逃避不了的。而且風險有兩個秘密，第一它可正可負，是負債也是投資；第二它附帶利息，最後都要攤還。

如果當它是負債，一直躲著它，可是江湖在走，終究要還的，最後它會連本帶息向你催討回來，而這時候人過中年，最是無力償還。相反地，你當它是投資，越年輕面對它，它不僅會給你驚人的複利效應，也為你的個人價值帶來槓桿作用。而你的認知與選擇，決定你一生是辛苦或幸運、失敗或成功。

風險與運氣是雙胞胎，凡事冒一點小險，你會覺得人生很順，自己是幸運的人，活得輕鬆，收穫滿滿；凡事都不想冒險，你會覺得人生很背，自己是不幸運的人，活得辛苦，勞而無穫。

所以經常有人來詢問我各種抉擇時，包括要不要換工作、要不要接下公司的任務、要不要走馬異鄉、要不要轉調部門……如果對方的能力條件或心理素質還撐得起，我都會拍拍他的肩膀，鼓勵他再給自己多一點壓不死人的壓力，並說：

「這世界，是屬於膽子大的人。」

這句話幾乎成了我的口頭禪，也是鐵錚錚的事實。當我回首一路走來，發現曾經猶疑不決、充滿害怕的事，後來都在職涯上幫我大大往前推了一把，很慶幸當時大膽做了決定。神話大師坎貝爾（Joseph Campbell）提出「英雄之旅」理論時，曾說：

「你恐懼的山洞裡，藏著你要的寶藏。」

幸運，來自於做對選擇

我有個朋友十多年未見，再見面時，是在他信義區百坪豪宅，不是當年山腳下的三十坪樓梯公寓，並且正處理上海更大的房子。看他說得雲淡風輕，卻也聽得出來過去十多年他是風生水起。別人看他一路順遂，我卻認為他是一路順風，永遠選擇正確的賽道，站到下一個風口。他也由衷地說：

「我很幸運。」

我也認識他當年的競爭對手，跟我說過同一句話。他們兩人在相同時間做出相同選擇，從廣告公司轉戰媒體購買公司，後來廣告公司式微，媒體購買公司崛起，一消一長，他們就站在浪尖上，成為最大獲利者。接著中國大陸要做內需市場，外商廣告公司向台灣人才招手，他毫不留戀地去了，做到亞洲最大廣告公司的最高主管。

他們不是唯一例子，在我認識的成功上班族中，少有跟我說自己有多艱辛、有多聰明，反而一言以蔽之：「我很幸運。」而他們的幸運都是來自做對選擇，在對的時間選擇對的產業、在對的時間進到對的市場，剩下的只有一件事：

順風順水，毫不費力。

這不是指他們毫不努力，而是相比一般人，他們努力一倍，卻獲得十倍百倍的利益，CP值超高。小米機創辦人雷軍說「豬站在風口也會飛起來」，以及我們聽到耳朵長繭的「選擇大於努力」，都在告訴我們一件事，除了努力之外，上班族第一優先應該學會做選擇。

你是獵物或獵人？

可惜我們忙於努力，卻疏於選擇，這是思想的怠惰，最終白忙一場，努力到爆肝卻過不起想過的人生。問題是這些人為什麼會做對選擇，而我們卻做不對？這是因為他們有個人格特質明顯：

膽子特別大顆！

他們就是不怕事，不怕後來出事或失敗，不怕算一算是了錢或損失；或是說白了，他們根本沒在想這些。一般人卻是東想西想，想出來的都是問題，接著東怕西怕，最後原地不動。夜裡床上想千條路，白天醒來走原路，你說是不是？

人有兩種，第一種是獵物型，獵物最怕被獵，兩隻眼睛長在外側，為的是東看西看有沒有獵人接近，然後一路跑呀逃呀躲呀，一生就這樣過了。第二種是獵人型，兩隻眼睛很靠近，緊盯著前方，看似視野窄，卻很聚焦。一看到獵物便往前猛追，這就是獵人一生的職涯模式。

多半的人是獵物型，反應永遠是 flight（逃跑），採取守勢；只有極少數人是獵人型，不斷 fight（出擊），採取攻勢。哪個才是勝算大？當然是採取攻勢！你有聽過「攻擊是最佳的防守」，可沒有聽過「防守是最佳的攻擊」，道理就在此。

我有個學生是守勢的典型，名校畢業，英文流利，在外商任職。工作駕輕就熟，薪資優渥誘人，同事相處愉快，一家公司做二十年，直到第二十年被裁。躲了二十年風險，死亡之神一樣找上她，連本帶利要她還回來，這時候翻身遠比年輕時困難太多。我問她當年不換的原因，她說：

「換工作有風險！萬一換錯，怎麼辦？」

讓時代站在你這一邊

這話聽起來也是，換工作充滿不確定，誰又能打包票？可是職涯成功的人難道不會換錯工作？也會！他們並非特別幸運，而是知道除了做對選擇，還要把選擇做對，不斷滾動式調整，直到成功為止，這才是人生成功的究極能力，也是美國研究成就與人格特質的達克沃斯（Angela Duckworth）博士說的「恆毅力」（Grit）。

也有人乾脆不做選擇，又如何？結果就是被選擇。採取原地不動（freeze），比逃跑（flight）還危險。因為科技發明與商業模式越來越屬於非連續性創新，當智慧型手機興起，手機就滅絕；當電子商務流行，店面就沒落……產業會消失，工作會不見，老闆正在失眠，而你還在裝睡叫不醒，不危險嗎？

在不確定的年代，最強的人是能夠快速移動、快速切換、快速適應。上面講的我這位學生其實公司經營得還很不錯，但是公司看出來商業模式已經在改變，於是動手組織改革，二十年都在同一個領域深耕的她第一個被革掉。諷刺的是她無感，第一年休息與旅行，期間來聽我的講座，認為我不過是在——

「危言聳聽！」

直到第二年要收心找工作，她才發現一切不如預期，處處碰壁。這期間有朋友勸她找工作不如找收入，學習投資理財，她右耳進左耳出，認為對方不過是在畫大餅。更何況投資是有風險的，她要好好守住僅有的存款。一年過後，台灣股市來到前所未有的高點，朋友賺錢翻倍，她苦笑著說：

「朋友財富自由了，我卻要開始找工作。」

她的問題出在哪裡？答案是害怕風險，不斷錯過時代。她的心理時鐘設定在二十年前踏進公司那一刻，從此停了。然而時代巨輪不斷往前走，幸運之神也會轉檯，她卻已經來到中年，年紀不站在她這一邊，翻身費力。足見職涯一定有風險，寧願早遇到，也不要晚遇到，晚了付出的代價未必付得起。

當你年輕時，說我危言聳聽；當你中年時，說跟我相見恨晚。無論如何，我都希望跟你早二十年相見，幫助你趁早做對選擇，勇敢站到下一個風口，將這個書名永記在心中：

這世界，是留給膽子大的人。

「拿出你的膽子來！」這個吼聲，是一切成功之母。

——雨果（《鐘樓怪人》、《悲慘世界》作者）

第 1 章

膽子大一點，換個方式面對風險

壞日子會過去，也還會再來。
可怕的是不知道什麼時候會來，破壞力又會有多大，自己是不是在受災戶的隊伍中。
在未來的社會中，別說你什麼都不做就能避開危險，危險更不會因為恐懼或閃避而不來敲門。
想要鹹魚翻身，就要趁鍋子還熱的時候；
保守無為，會讓你失去「化危機為轉機」的機會！

1-1 當大家嚇呆了，就是你冒險前進的時候！

在新冠疫情越演越烈的當下，有位四十多歲女性來報名上課。她在自我介紹時，談到轉換跑道的初衷，讓人聽起來有些憾憾然。過去她是外商高階主管，先生的事業也如日中天，人前人後都恩愛逾恆，看到他們時，總是十指相扣。有工作舞台、有美滿婚姻，是人人欣羨的人生勝利組。

可是就在三十八歲那年，無預警地，先生提出離婚，因為有了新歡，對方吵著要給一個名份，先生看她堅強能幹，決定捨了她，選擇那個他以為的柔弱女子。她從沒料想到人生腳本是這樣寫的，無法接受、無法適應，整個人崩塌，連駕輕就熟的工作也做不了。她靜靜地遞上辭呈，一個人面對碎成紙片的世界。

機會，永遠站在行動派這一邊

沒了婚姻，沒了工作，她還有自己，決定去探索愛情究竟是怎麼一回事，花了幾年上遍所有身心靈課程，在某個派別找到那把鑰匙。接下來，她來上我的斜槓課程，想要東山再起，開課教這個派別。第一次開課時，只來三個人，通通是親朋好友，她的挫敗感很深，回到家大哭一場，對於未來茫然迷惘。

這時候每天打開電視，都是確診人數不斷飆升，公司倒的倒，店面關的關，連電影賣座的星爺，光是炒房就賺了十九億台幣，也要抵押豪宅！她不知道這時重新出發是不是對的時機。然而回頭一看，沒了退路，她決定用速度衝出一條路，把課全開滿，從南到北，即使一個學生也去上！

選擇行動的人，沒有時間舔傷口、沒有閒情自艾自憐。不到一年，就讓她做得風風火火。除了開設網站，還邀請國外講師，每個月開課逾二十堂，每堂售價一六八〇〇元，完全不可同日而語，早已非吳下阿蒙。可見得最壞的時機，也有人能夠衝破難關；最壞的景氣，也有人能夠大發利市。事在人為，而不是無為。

換作是你，該怎麼做？每次天災人禍之後，畢業生的薪資大概都會被打個八五折，要過好幾年才逐漸追上應有的平均水準。但即使是非畢業生，只要是想換工作，就會發現薪水調不上去的現象。我有個學生做電子商務，這個平台在這波疫情大發利市，連衛生紙都賣到必須修改物流與倉儲的流程，結果呢？

他忙到沒時間來上課，不是本身的工作忙，而是同事離職後要補人，但公司硬是要砍薪資，因為整個經濟這麼差，他們肯給工作就不錯了，哪會給好薪水？所以一直找不到人來補，我的學生只得一個人忙兩個人的事，忙到昏天暗地、忙到心很寒很痛。

除了踩油門，還要彎道超車

這時換作是你，不妨想想：「再這樣忙下去的話，會有什麼後果？」是的，老闆可能會想：「原來這份工作只要一個人做就夠了，以前是多請人了。」

緊接著上演的，一定是持續性的減薪與縮編。員工敢抗議嗎？多數應該是被突如其來的疫情給嚇到，一方面慶幸工作還在，一方面督促自己加倍努力、保住飯碗。就算疫情未來結束了，一兩年內企業的流動率也會降低。整個職場的氛圍，會變得工時拉長、工作增加，薪水很難調升，大家會更感到辛苦。

客觀環境越是如此，上班族個人越是要認清現實：壞日子會過去，也還會再來。可怕的是不知道什麼時候會來，破壞力又會有多大，自己是不是在受災戶的隊伍中。這時候，唯一能做的兩件事是——

一、不斷精進自己，持續累積自己的職涯資本。
二、不妨冒險一點，彎道超車，來一趟大躍進。

冒險，是職涯最好的投資

為什麼我要鼓勵你冒險？因為一般人在遇到危險時，都會想要避險，變得更保守。可是我得真誠地說一句良心話：在未來的社會中，別說你什麼都不做就能避開危險，危險更不會因為恐懼或閃避而不來敲門。這次的疫情就是最好的例子，全世界無一倖免！保守無為，會讓你失去「化危機為轉機」的機會。

當危機發生時，一般人有三種反應：

- Fight（起身反擊）
- Flight（腳底抹油，逃）
- Freeze（嚇傻到動不了）

八〇%的上班族都選擇第二的「逃」和第三的「僵」，最終依然逃不過危險的魔手。相反的，少數的二〇%上班族選擇第一個選項「戰」，機會就會站在他們這一邊。LinkedIn 創辦人雷德．霍夫曼（Reid Hoffman）認為：「冒險，是職涯最棒的投資！」同時他也說：

求職時，這個工作假使不會讓你有些擔心做不來，它絕對不是一個好的選擇。

這個世界變化得越來越快，哈佛大學教授卡夫曼（Stuart Kauffman）提出「紅皇后效應」，指出你不論做什麼事都要是過去的兩倍速度——學習快兩倍，能力多兩倍。

還有，記得「選擇大於努力」這個原則，連換工作都要比過去大膽兩倍。沒錯，你要盡量在可以承受的範圍裡極大化冒險性格，選擇最高度冒險的工作；這種積極進取的精神，才會讓你收入翻倍、人生大不同。

每次天災人禍，都是財富重新分配的時機。贏家從來不是保守的人，而是敢冒險的人。同樣的，這也是人生機會重新分配的時間點，而這世界從來是留給膽子大的人。時代不一樣了，選擇保守或不變都等同坐以待斃！想要鹹魚翻身，就要趁鍋子還熱的時候。

當然，不管做什麼選擇，別忘了永遠要有B計畫來應對變化。

1-2 在問別人問題之前，你敢先問自己嗎？

每次上完課都會有同學來提問，大多問題我都能和顏悅色地回答對方，但有些問題我一聽完，就明顯感覺到自己內心的不耐煩。為什麼有這兩種差別待遇？幾經思考，我找到了原因：對方有沒有先好好想過自己的問題，這點會影響我的情緒。思考過再發問的，我會心平氣和；草率發問的，會讓我失去耐性。

你的問題有問題

有一次，提問的是一位四十二歲女性。半年前兒子得病，必須化療兩年半，她不得不辭職在家照顧；撐過最危險的前半年之後，她既想回到職場，同時又想做斜槓以應付家裡龐大的開銷，卻不知道忙不忙得過來，心裡很是掙扎，因此來請問我的意見。聽她一口氣描述完家裡的狀況後，我直接問她先生的收入，她說：「他是奶爸。」

答案再明顯不過了。第一優先便是回職場找份工作，先有穩定收入，讓家庭經濟處於無憂狀態，孩子也才可能在平靜的氣氛裡恢復健康。於是我要她先不急著來跟我學做斜槓，工作安穩、照顧好孩子才是當務之急，務必不要留下任何遺憾。她一聽，安心了，點點頭便離開。

聽她描述事情，便知道她已經徹底思前想後自己的處境，只是因為四十二歲求職不易，請教我為的不過是證明她的思考沒錯罷了。像這樣的提問者，我就會心平氣和，還會眼露溫暖的光芒。

但排在她後面的提問者就不是這樣了，一開口便說，他現在做國外業務，沒有喜歡也沒有不喜歡，問我要不要換工作。沒錯，當下我就心底一把火直直衝上來，心想：「我怎麼會知道？」

然而，這種提問者不是少數，不論是來我的 FB 私訊或在課堂後提問，這類的問話方式都經常可見，「有問題的問題」出在以下三點：

一、沒有交代自己的學經歷背景

二、沒有交代自己的工作情況

三、沒有交代自己的未來人生目標

簡單說一句話，就是「沒頭沒腦」！不管三七二十一，劈頭來個大哉問，而且當我是半仙，非得要我馬上回答出來不可。

解方一：問別人之前，先問自己

後來我發現，「不會提問」是很多人都會犯的通病。有意思的是，不會提問的人也最不會解決問題，總是像極了一隻追咬自己尾巴的狗，一直繞著圈子原地打轉，也就是大家常說的「鬼打牆」，走不出來，糾結在同一個問題裡自艾自憐。可怕的是，他們也最愛到處問，一會兒問這人，一會兒問那人，像失了魂似的毫無主張與定見。

對於這些人，我的解方就是「問別人之前，先問自己」。換句話說，至少自己要負點責任，把問題先想過一遍吧！

專業顧問克莉絲．克拉克—艾普思坦（Chris Clarke-Epstein）在她寫的書《會問問題，才會帶人》裡，開宗明義就談到：「要問別人之前，先問自己。」她說自己的母親很鼓勵發問，後來她教兒女時，發現兒女也經常勇於質疑她：「你到底是怎麼想的？」

解方二：連續問五次為什麼

不過我也知道，有些人可能根本不知道要打哪兒想起，對不對？那麼，我再給第二個解方，也就是企管界常使用的「五個為什麼」。連續問自己五次為什麼，你大部分的問題大概在第三個為什麼就稍有解了。以上面這位提問者為例，他可以先自問自答五次，比方說：

問：「對於這份國外業務工作，我為什麼不喜歡？」

答：「因為老闆訂的業績目標太高，而我都達不到，感到有壓力。」

問：「別人可以達到目標，為什麼我達不到？」

答：「別人做三年，手上都是老客戶；我才做一年，都是新客戶，很容易掉單。」

問：「為什麼你不能讓新客戶變得不易掉單？」

答：「除非再給我一年時間，讓我跟他們建立更密切的關係，訂單才穩得住。」

有沒有注意到？才問到第三個為什麼，答案就浮現了：「只要再熬一年，就能夠像老鳥一樣駕輕就熟，壓力變小。」所以問題反而不是該不該換工作，而是怎麼留下來繼續任職，剛好背道而馳。如果沒有使用「五個為什麼」方法，極有可能做出錯誤決定，然後不斷換工作，還始終不明白為什麼工作都做不長。

企管顧問的專家都知道一句名言：「問對問題，答案就出來一半。」所以，只要連續自問自答五個為什麼，秉持「打破砂鍋問到底」的精神，誠實面對自己的為什麼，就不難靠自己找到答案。

解方三：5W1H清楚交代問題

如果問過五個問題後，仍然希望和別人討論或請益，怎麼提問最好呢？再給你第三個解方：搬出「5W1H」把問題清楚交代一遍。這是我在新聞系學新聞寫作的方法，後來讀商學所才知道，管理學老師也是這麼教的，夠經典了吧！像是上面四十二歲提問者的交代就完全遵照這個規則，一一條列於下：

- Who（我是誰）：我是四十二歲的媽媽。

- When（時間）：我花了半年辭職在家照顧兒子，現在想要回去職場。
- Where（地點）：原來在台北外商任職。
- What（我的問題）：我要專心上班或是做斜槓？
- Why（我的目的）：我想要賺錢養家。
- How（怎麼解決問題）：我想透過人脈來求職，以及來上洪雪珍的課學習做斜槓。

清楚敘述人、事、時、地、物，有了背景說明之後，被諮詢的一方就能夠很快抓住來龍去脈、梳理出脈絡，才不至於答非所問，給錯藥帖子。還有，在討論的過程中，最重要的一個W是Why，也就是目的所在，因為解決問題的重點不在問題本身，而是達成目的，得到我們想要的結果。

解方四：拋磚引玉

在詢問別人之前，自己至少先有二至三個方案，被諮詢者便不必從零出發，無邊無際地去發想，容易給出好的建議，或想出第四個方案。這個方法，我稱為「拋磚引玉」，目的是節省討論時間。比如你想爭取加薪二〇%，可以事先想出三個方案如下：

第一個方案：想辦法爭取升遷，因為我的考績第一。

第二個方案：想辦法調到重點單位，因為我待在冷部門。

第三個方案：想辦法被挖角，因為才會加薪多。

不論用在工作或生活上，這四個解方都能幫助你思考問題，讓別人覺得你有腦子。沒有人喜歡被認為「無腦」，不是嗎？大家都喜歡跟有腦子的人一起共事，所以，相信這也能幫你促進人際關係！

1-3 你的人生成功的機率有幾趴？

某個周末上課時，有學生提問：「做斜槓，成功機率有幾趴？」稍早我看重播的《派遣女王》第二季時，剛好又聽到類似問題，加上我那時正在聽台師大曾仕強教授的《易經》，特別有所感，因此想分享一下我對於人生的些許心得。

我不太追劇，主要是不想浪費時間，所以十三年前《派遣女王》上演時，我一集也沒看。時隔多年《派遣女王》捲土重來，拍了第二季，我倒是有空看一看。女主角篠原涼子當然已進入大齡姊姊的階段，因此另外安排兩位派遣菜鳥妹妹做高反差的對照，讓我們明白派遣工作的正確觀念與心態。

戲裡有個橋段，是這兩位菜鳥與篠原涼子朝夕相處，耳濡目染，對於工作逐漸有些不同於以往的想法。其中一位二十多歲，剛畢業未久，考不上正職，無奈只得屈就做派遣，向派遣公司老闆說要開始努力提升競爭力，包括主動去上課考證照。

另一位三十出頭，已當派遣工多年，卻反問老闆：「就算努力提升了，真的有用嗎？」

保證成功才要努力？

這是一般人常見的心態：有好處才要去做，沒好處就想說何必去做；保證成功才要努力，不確定會成功就再說。而這樣的心態，跟多數人讀《易經》是一樣的。

按照曾仕強教授的說法，《易經》原是用來講人生智慧，但是當時多數人無法閱讀文字，於是周文王採用卦圖，以方便大家理解，可是卻被普遍誤用為占卜。到了秦始皇焚書時，有人為了拯救《易經》，索性跟秦始皇說，這部書不過是用來占卜，不存在著讀書人經世致用的道理，藉此幫《易經》度過被焚的劫難，得以留存至今。

因此，很多人在提到《易經》時，都指稱這是教人趨吉避凶之用；每遇到有人讀《易經》，一般人的第一個反應便是問對方：「你是不是會卜卦？」這是把《易經》給「看小」了，曾仕強教授不以為然，用他一貫笑看人間的口氣說：

每天想著趨吉避凶的人，都是心存投機取巧之人。

比如有人燒香拜佛，目的是為了求這求那，曾仕強教授也會搖搖頭說，神明哪會拿你一些紙錢或香油，就給你這給你那，又不是貪官污吏！曾仕強教授為什麼會這麼想呢？因為他認為：「艱難險阻，才是人生的真相。」

簡單說，人生理當充滿艱難險阻，過著這樣人生才是活人；相反地，從小到大順順利利，沒吃過苦，曾教授認為與死人無異，一輩子白活了！在《易經》裡，順利與困難是合而為一的，順利的後面跟著的一定是困難，而困難度過了，後面也一定會順利一陣子。所謂「舉頭三尺有神明」，是老天在看我們有無努力，而不是要我們去跟老天求富貴。

所以重點在這裡——想要成功，就是要付出努力。這是我們從小到大都懂的道理，可是很多人就是不信。博恩．崔西（Brian Tracy）是西方世界著名的成功學大師，他的六個成功法則裡，第一個就是「因果關係法則」，博恩．崔西的解釋很簡單：一分耕耘，一分收穫。

耕耘是因，收穫是果。沒有耕耘這個因，就不會有收穫這個果。耕耘之後結出多大的果，就得看運氣了；而運氣好壞誰也說不準，只有天知道。天數如何我們管不著，努力多少我們管得著。管不著的部分，不必管；管得著的部分，抓牢一點，能盡多少力就盡多少力。努力未必成功，成功卻非要努力不可。

成功機率是幾趴都跟你無關

會問成功機率有幾趴的人，看起來好像很有頭腦，其實是不懂人生。

我有個學生是保險經紀人，不論全球或台灣罹癌的機率有幾趴，她都能夠倒背如流，比如她會告訴你：七十五歲前，全球每五個人有一人患癌；台灣二〇一七年則是平均每四分四十二秒就有一人罹癌，比前一年四分五十八秒一口氣快轉了十六秒……

但是，當她在幾年前罹癌，而孩子還未讀幼兒園時，她說：

「無論罹癌率有幾趴，當你罹癌就是一〇〇％，這是我罹癌時的心情。」

一樣的，別人努力學習各種技能、考上各種證照，最後在職場成功或失敗都跟你無關，管他成功機率是百分之幾！別人下班後有多認真做斜槓，經歷過多少挑戰，管他成功機率是百分之幾，都跟你無關！統計數字僅供參考，當事情發生了，你的機率只有〇與一〇〇%，沒有中間的百分之幾。

台大傅佩榮教授在談《易經》的書裡，說到占卜時，提出三不原則，其中第一個原則是「不誠不占」。意思是如果占了，結果不是你要的，你就不信它，那麼之前何必占？

當你問我學習技能的成功機率是百分之幾時，我也想回頭反問你，百分之幾你才要努力做？百分之幾你就不努力做？想清楚之後再來提問，才有意義。

而且，之所以會問這個問題，反映的不就是自己內心的不真誠、不堅定，不過是在告訴別人，自己是一個投機取巧的人，再說也沒有多麼想做這件事。既然如此，又何必問呢？不要做就好了，不是嗎？

最後，如果世上真有成功機率一〇〇%的事，也未必輪得到我們去做，老天也會挑人吧！我有位學生說得好：「重要的不是幾趴，而是你有多想做！」

1-4 沒有回頭路了，還能往哪裡走？往前走！

一個奇妙的日子：一天之內，有三名公務員來和我談他們的過去、現在與未來。

只要是公務員來諮詢，我都特別小心翼翼，總是擔心他們受到任何暗示或引導，把工作辭了，這種事真是擔待不起。曾經有一位育有三個幼兒的公家機關女主管，在聽過我的演講之後，辭職去做她想做的事，我真的被大大嚇到，連忙問她：「萬一這件事做不好，回得去嗎？」還好她點點頭，我才如釋重負。

不當公務員的斜槓人生

這次情形不同，先是在上課之後，前後有兩名女性來找我談要不要做斜槓。其中一名是五年前辭去公務員，後來在民間企業換了兩份工作，最近確定要考國營事業。我問她為什麼不再去考公務員，她搖搖頭說，之前花了五年才考上，這方面沒有信心，而且也不想回去當公務員。

我沒有探究她離開公務機關的原因，大概是一個創痛，因此她也沒有打算提及，只說在民間企業反而適應良好。於是我對她說：「一次的挫折不代表整個人生的失敗，它只是在告訴你，你不適合在公家單位任職。」

因為還有兩個幼兒，光靠先生一份薪水不足以養家，所以她決心和先生一起扛起家庭責任，未來一邊穩定上班，一邊下班後做斜槓，既自我實現，又賺第二份薪水。看起來，離開公職這件事，在她身上似乎未曾投下任何陰影，對此她解釋：「我的先生和公婆都很支持我，我很感謝他們。」

另一名女性公務員年過五十，擔心再度年金改革導致退休金縮水，卻又必須負擔家計，於是決定一邊上班一邊做斜槓，也讓多才多藝的自己有一個揮灑自如的舞台。比較上，她的態度堅定很多，報完名之後就來對我說「上課見」。像這樣相信自己、跟隨直覺，而且行動力十足的上班族是很少見的。

回家搭捷運時，看到第三位公務員在ＦＢ私訊我，說他考了七年公務員才上，卻在不久前離職了，家人對此很不諒解，而他自己也懊悔萬分，現在不知道怎麼辦才好，甚至有尋死的念頭。隔天早上打開手機，又看到他的留言，說心情一直無法回復，於是我對他說：「心情回復是需要時間的，不要急，慢慢來。」

就走人多的路吧！

三名公務員，三個故事，三個進行式，三個發展中。比起前面兩名女性公務員的活在現在、規劃未來，第三名公務員是活在過去。這讓我有一些心得與你分享，也許在你徬徨時，能夠做為參考。

首先，對於要不要考公務員這件事，我曾經看過一位知名作家寫過的文章，學校畢業後，家人要他去考公務員，但是他不要，結果是後來發展更好，四十幾歲財富自由，便做出結論：「人多的地方不要走。」對此我有不同看法，不是每個人都像這位知名作家那樣勇敢堅毅、聰明能幹，又或者能說能寫，足以闖出一片天，反而多的是膽小怯懦，既不聰明也不能幹，更不會說不會寫，所以我的建議恰巧相反：「就走人多的路吧！」

既然是主流，就有它的價值。每個人這一生最重要的功課，就是認識自己、接納自己，而且工作不是人生的全部，不是只有在工作中才能找到個人的價值。在我的斜槓進階班裡，每班都有一至三名是軍公教人員，個個多才多藝，顯然他們下班後的生活過得精彩豐富。相較之下，我們當上班族的反而蒼白無力。

再來我想強調的是，世上沒有完美的工作，即使很多人夢寐以求的公務員或教師，也和其他工作一樣有優點、有缺點。我的學生都知道我有個反傳統的主張，就是「上班時靈肉分離，下班後靈肉合一」，意思是不要過度期待上班這件事，視為完成夢想的地方，而是只要肉體的部分滿足了，就可以去做，這樣就不會心生怨懟。

什麼是肉體的部分？比方說薪資在一定水準以上、同事相處愉快、工作勝任無虞，就已經是一份很不錯的工作了，其他就不要再強求，放過工作，也饒過自己。至於心靈深處失落的部分，下班後去滿足即可，比方說學習才藝，或發展斜槓。

第三，假使眼前的工作真的做不下去，看看能不能調職，或是先留職停薪，也許時間會改變一些事，千萬不要衝動行事，因為公務員真的很難考，而且覆水難收，沒有轉圜的餘地，一定要謹慎再謹慎。

沒法回頭？那就往前走！

要是最後真的離職了，既然沒法回頭，就往前走吧！在原地搥胸頓足不僅無濟於事，還會讓自己悔恨交加。有一天我上線上英文課時，主題是「怎麼面對變化與不確定」，老師問我：「你有沒有做錯決定、誤入『歧途』的時候？」我說：「這輩子數不清！」

有些事，甚至足以讓我懊悔一輩子，而且影響一生的發展至深至巨。不過，事後我都發現，凡是發生的事都是好事，端看從哪一個角度去詮釋。假使從學習的角度切入，這些錯誤的決定都是一堂寶貴的課，得到最刻骨銘心的教訓，比起做對決定還讓人學習得多。老師聽完之後，寫下：「Learn and move on.」（記取教訓，然後往前走。）

《櫻桃小丸子》裡有很多金句，其中有一句是「人生就是不斷在後悔」，另外一句是「哭過了，你就會變得堅強」。過去我們無法改變，未來我們無法掌控，很多人都是因為想不通這一點，才會被對過去的後悔給綁架、被對未來的憂懼給打敗。

當真握在我們手裡的，只有現在；而我們能做的，從來也只有這件事——把握現在，開始行動。

請永遠記得，過去不能決定未來，只有現在能夠決定未來。

1-5 只要不怕死，就有機會活

之前，網路上有篇文章瘋傳，作者有個鄰居在外商任職主管，僅僅三十一歲已經月領二十五萬元，年薪破三百萬元，堪稱黃金貴族，令人羨煞！但是作者也說，這位鄰居除了社會階層不同外，和月領三萬元的人煩惱其實是一樣的，也覺得錢不夠用、也對工作感到厭棄、也有來自老闆的壓力、也想丟掉一切躲起來……

作者的結論是，因為高薪而擁有的奢侈與浪費，只能稱得上舒服，無法獲得精神上的快樂，所以錢不是讓人快樂的原因。相反地，做自己喜歡的事且義無反顧，才能夠獲得快樂，因為這些人知道自己的快樂。而活著能夠做自己喜歡的事又無後顧之憂，才是真正的奢侈！

致富，仍是絕大多數人的夢想

這樣的論調，據我的觀察，向來都會獲得極大的贊同與回響，原因有二：首先是這個道理很難辯駁與推翻，其次是它很難做到，也就碰觸到大家心底最脆弱的那個痛點。是啊，我們都很努力，但是無法賺到高薪，翻身無力，充滿挫折，覺得人生好難！於是我們簡化了這件事，反過來相信這個說法——有錢人未必快樂！

當一個人賺得全世界，卻失去自己，比起多數窮得只剩下自己的人，這會讓大家感到安慰，鬆一口氣再自我催眠：「啊～這世界還是公平的！」讓有錢人不快樂，讓沒錢人得到快樂，平衡了！抱持這個信念，就有力氣與勇氣走完人生這趟路，否則走著走著會懷疑人生，不時厭世一下，不是嗎？

問題是，古今中外幾乎所有的調查都指出同一個結果，有錢人對人生的滿意度平均高於沒錢的人。為什麼？原因很簡單，有錢人對於人生的掌控度比較高，換句話說，他們過得起自己想過的人生！

這個結果正應了一句俗語：有錢，人生才能做主。

記者來訪問我、談起這篇文章時，提到多數人還在上班這條路上水深火熱，最想知道的莫過於：「平平都很努力，為什麼有人領三萬元，有人領二十五萬元？」可見得脫貧與致富才是一般人企求的目標。這個現象從哪裡看得出來？答案是網路書店的暢銷書排行榜！商業管理類的榜上，前十名泰半都在談投資理財，少有在談工作。年輕記者聽了點頭稱是，且彷彿老僧頓悟般地脫口而出：「工作太辛苦，也難以致富。」

冒險，才能造就分水嶺

那位記者說得沒錯，在這個星球上，能夠致富的主要是兩種人：一是創業者，像比爾．蓋茲；二是投資者，像巴菲特。少有上班族靠死薪水致富，除非一邊上班一邊擅長投資理財，而且長期持有績優股票或基金，賺到複利效應，靠資產翻倍才有機會致富。

記者之所以來問我「如何讓月薪三萬元變成二十五萬元」，是想知道必須加強哪些競爭力，但是我的答案可能要讓人大失所望，因為我認為關鍵不在能力與努力，一般人老早就做得到這兩項，也沒見到領到高薪呀！關鍵反倒是出在另一個一直以來被嚴重忽略的因素：

冒險！

對於生涯與薪水，我在開設的線上課程「多職能收入養成攻略」中，就曾提出關鍵性概念，其中一個是「這世界是留給膽子大的人」。怎麼說？在我們的周圍，總有一種人膽子特別大，不見得能力比較出眾或比別人更努力，收入卻硬是讓人望塵莫及。所以在課程中，我再提出一個顛覆性的做法：不連續性的生涯策略。

什麼是「不連續性」？大家最熟悉的例子，當屬電話從室內電話機跳到手機，再從手機跳到智慧型手機，產業整個出現斷層，如果廠商還在繼續製造室內電話機或非智慧型手機，就會失去市場，利潤也會日趨變薄，到最後無利可圖，甚至血本無歸。一樣的，如果堅守既有的生涯軌道，執著於熟能生巧，你的確可以感受得到自己的能力越來越強，但是在職涯遠方等著你的事實卻可能是：

一、你擅長的工作正在失去市場——月薪可能從五萬跌至三萬元。

二、你忽略的工作正在市場崛起——卻因為市場才剛萌芽或是有一定難度，觀望的人多，以致企業找不到人才投入，這時你就擁有喊價權，也許二十五萬元都有人要！

成功，除了努力還需要運氣

有如超商裡賣的礦泉水一大瓶二十五元，換到沙漠賣，說不定一小瓶二十五萬元都有人搶著要。能賺到高薪的人，就像是敢到沙漠賣水的人；那樣一個沒人要去的市場，的確環境險惡、求生困難，但只要不怕死就有機會存活，就有很大機會領到高薪。老實說，死在沙漠的人還沒有死在馬路上的人多，最終比的是：你有勇氣一躍，跳進沙漠嗎？

講到這裡，你明白是什麼在阻礙你拿到高薪了嗎？康乃爾大學經濟學家羅伯特・弗蘭克（Robert Frank），也是《成功與幸運》一書的作者，他提供了一種解釋：

我們未能看清「偶發事件」在生命軌跡中扮演的重要角色。

弗蘭克說，當一個人坐領高薪且工作令人艷羨，一般人會解釋成靠能力與努力而來；相反的，當一個人工作不佳且薪水低，一般人會說不走運，同時也會懊悔當初應該多努力一些才是。然而弗蘭克參考大量社會學的研究之後發現，運氣影響絕大多數的成功，只是我們不想承認這一點。

著有《快思慢想》一書的丹尼爾・卡尼曼（Daniel Kahneman），是有史以來第一位以心理學家背景榮獲諾貝爾經濟學獎的得主，他也得到相同結論：要獲得成功，在能力與努力外還需要運氣；出乎意料的是，他接著說，如果想要取得大成功，則需要「再多一點努力，以及更多大量的運氣」。

冒險，很可能是你最棒的投資

在此也想提醒大家，能力與努力固然重要，但是更重要的是運氣，也就是「抓住時機，放膽進入陌生的領域」。當沙漠出現在眼前時，看到的是困難與危險，你就會恐懼，選擇不踏進去；但如果你看到的是賣水的商機，就會興奮，勇敢踏進去。怎麼看待機會，才是領低薪與高薪的關鍵。

唯有冒險才會創造生涯的分水嶺，引領你走向高峰或低谷，所以最後我想獻給你 LinkedIn 創辦人雷德．霍夫曼的重要觀念：「職業生涯中，冒險是最棒的投資。」

1-6 這三個「是」，才能讓你成為有錢人

有回做直播前，小編設定的主題原來是「怎麼拿到年薪百萬」，我一看就說：「年薪百萬，根本是個假議題。」

這句話嚇了小編一大跳，因為大家都想追求年薪百萬，我這個說法乍聽確實很奇怪。但我的看法很簡單：台灣的統計數字明白顯示，九成上班族的年薪都低於一百萬，絕大多數終其一生拿不到百萬年薪；費盡唇舌討論如何拿到年薪百萬，對於全台灣一一四六萬上班族中的九成，也就是超過一千萬人來說，不僅無濟於事，還會讓他們更增挫折，感到努力無用。

賽道，決定了你的薪資

關於薪水，你要具備的第一個認知，是你究竟馳騁於哪個賽道，是高速公路、省道，還是小巷子？能在高速公路讓別人看不到車尾燈的，都是一輛幾百萬、甚至

上千萬的名車；在省道，幾十萬元的國產二手車就很強；在小巷子，騎單車反而強過開好車，租 YouBike 就夠用。這個比喻在說什麼？重點只有一個：多數人拿什麼薪水老早注定，看的是你在哪個賽道。

首先，決定百萬賽道的是哪些因素？

- 第一個是產業
- 第二個是企業
- 第三個是職務與位階

我有個斜槓學生漂亮時尚，穿戴講究，當然是個愛買小姐，辦了幾次二手市集出清存貨，我曾去掃貨一次，一看都是名牌。她一直在金融業帶業務團隊，做到高階主管，每年扛業績二十億，年薪千萬。其實她最愛從事的是精品業，可是每次面試之後都放棄，心情很無奈，因為數字很現實，她說：「精品業的薪水，就是金融業的攔腰斬再打八折。」

錢是很可愛的，差六成，任誰也下不了決心，不是嗎？這說明產業薪資是有行情水準的！在台灣，讀理工的就屬半導體業、ＩＣ設計業最令人欣羨；讀商的就屬金融業最高；像我讀新聞系，媒體業是在中後段，完全無法相提並論。

然而，同一個產業落差也不小。以半導體業來說，聯發科平均年薪二七〇萬，而同產業平均是一二三萬，差了一倍有餘！薪資後段班有家公司是七〇萬，差二〇〇萬！至於台積電，員工五萬名，非主管職員工平均年薪二〇〇萬，當然遙遙領先同業。當媒體報導的都是這些龍頭企業時，就使得不少科技業工程師都被誤以為年薪百萬，逼得他們在網路上大吐苦水：「不是每個工程師都年薪百萬！」

從小金魚變成大鯨魚

就算是同一家企業，職務之間的薪資差異也很明顯，可怕的是越低薪的職務越不會調薪，每年會調薪的就是原本薪資就高的職務，因此薪資結構M型化也會發生在相鄰的同事身上。另外一個決定因素是位階高低，美國大企業ＣＥＯ的薪資是員工的三〇〇倍，台灣差十多倍至幾十倍應該是有的。

可是，能進到高薪產業、龍頭企業擔任一路發的職務，基本上多半是好學歷的人。如果不是台成清交政，或是中字輩，能擠進去大企業領高薪的，不是沒有，而是幾稀，他們一定具有其他很強的背景。學歷不亮眼的上班族，想要在中小規模企業拿年薪百萬，至少要能做到以下幾項之一：

- 7-11 型
- 業績扛霸子
- 壓力鍋
- 冒險王

尤其是冒險王，是我最想提醒上班族可以採行的策略。正因為年薪百萬天注定，讓我們明白賽道決定薪資高低，所以不妨儲備實力，長期布局，再奮力縱身一跳，改變產業與企業，才有可能彎道超車。這種跳法，好比從家裡的魚缸跳至公園的水池，再跳至大海，但是你不能一直只是金魚或錦鯉，而是要能進化成大鯨魚。

即使這麼鼓勵你，我仍然深知多數人無法做到，原因主要有兩個：第一決心不夠，不想付出加倍的努力；第二價值觀不同，不想為工作犧牲其他層面。人各有志，想清楚就好。可是，年薪百萬在台北生活，都未必能買房買車、過上理想的人生，更何況一年只領幾十萬元，怎麼辦？

寫到這裡，以下才是我最想給無法年薪百萬的一千萬名上班族的正確觀念。

薪水低，就別想靠薪水致富

我們常說：「工作不是人生的全部。」其實這句話只說對了一半，應該還要有下半句才對：「上班也不是收入的唯一。」

當我們開始有「找工作不如找收入」的觀念，不想光靠年薪百萬致富之後，才會真正步向財富自由的大道。把腦袋從「找工作」的認知架構，轉換成「找收入」的思維系統，會突然發現海闊天空，條條大路通羅馬，而上班領薪水不過是其中一條路，然後眼睛一亮，看到其他收入的可能性。

關於有錢這件事，只靠自己白手起家、沒繼承到任何財產，又拿不到年薪百萬的人，大概只剩以下這三條路可走：

- **會拿高薪不如收入多**
- **會賺錢不如會存錢**

・會管錢不如會理錢

不管薪水多少，都要想盡辦法存錢，沒有存錢就無法奢談後面的理財。《紐約時報》排行榜暢銷書《原來有錢人都這麼做》的兩位作者，花了二十年訪問五百位富人（定義是資產有三千萬台幣以上）。他們發現，這些富人在以下三題都答「是」：

一、你的父母節儉嗎？

二、你節儉嗎？

三、你的配偶節儉嗎？

有錢人是省出來的

瞧不起父母東摳西省小器樣的人一定想像不到，省錢與存錢竟然是一般上班族的致富之道。我有個斜槓學生是公務員，父母是藍領，不僅把三個孩子養大到個個成器，還買了兩棟房子，全都靠省與存。他自己三十歲出頭，先是靠省與存擁有一百萬資金，後來靠理財增加到三百萬；他的斜槓，就是教人怎麼存到三百萬。

相反的，我認識的高薪族群中，不少人賺得多也花得多，口袋很空虛。所以，賺不到年薪百萬天不會塌下來，而且我得說，要翻轉這個薪資命運並不容易，牽涉太多個人無法控制的因素，包括產業、企業、職位。你不妨想想，我能去聯發科應徵研發工程師嗎？這叫癡心妄想！因此，我們能做的無非認清現實，做好以下三件事：

一、賺第二份收入

二、省錢與存錢

三、投資理財

1-7 有能力的人，只當老二的下場會很慘

在我們的處世之道中，經常會聽到「老二哲學」這種說法，鼓勵大家不要只想當老大，不妨學當老二，存活得更久、更安全，是一個明哲保身之道。

尤其是職場裡，爭強鬥勝的心機處處可見，比起宮廷劇，勾心鬥角的程度不遑多讓，那些退而求其次，不強出頭，只當老二的人，反而可以說最懂得生存之道，是職場裡最長壽的九命怪貓，不論是哪裡來的狂風暴雨，他都文風不動、滴雨不沾。

事實未必如此。

你想不想當老大，不是重點

能力高強的人若是屈就老二，最容易讓老大有深深的威脅感，好比芒刺在背，不得不想盡辦法拔除。所以老二並不安全，有時反而最危險。

相反的，距離較遠、取代性較低、能力較弱的老三、老四才安全穩妥。甚至，

老大會重點培植老三、老四，納為心腹，目的在於取老二而代之。然後就像歌手周湯豪的老媽比莉唱的「什麼都不必說……」，老三、老四自然比老二更用心思揣想老大的心意，掌握求生之道，一起抵制老二，降低老二的威望，弱化老二的績效、調暗老二的亮度。

在被處處掣肘之下，老二腹背受敵，四面楚歌，生存困難，最後不得不辭職走人。可是一開始，身在此山中的老二卻只見濃霧飄來、伸手不見五指，看不透究竟發生什麼事，僅僅感到做事時困難重重。老二之所以被蒙蔽，問題不在別人，在於自己有一個不合時宜的思維，那就是——

「我沒有要當老大啊！」

這種人的能力好，是鐵錚錚的事實；也正因為如此，他的存在就成為老大不折不扣的威脅。重要的不是他想不想當老大，而是現任老大擔心自己有一天會被取而代之，不得不展開一場生存保衛戰。

賴副總是公認的能力強、績效優，短短十三年裡一路平步青雲，從第一線的業務專員開始，像飛的一樣，課長、主任、副理、經理，到今天的副總經理一職，平均每兩年升一次官，速度之快大約是其他人的一倍。很明顯的，這家公司上上下下都看得出來，賴副總是明日之星，因此經常打趣他：「照這個速度看來，後年就輪到你當總經理了！」

老三，才是老大的盟友

不僅如此，在賴副總的部門裡，同事聚餐或唱歌，還會起鬨喊他「賴總」，叫得震天價響。賴副總喜歡做事、追求成就感，但是並不戀棧名位權力，當同事這麼起鬨時，賴副總都會馬上出言制止。不過這種場合也不能就把臉一拉，他只好學柯P開玩笑地說：「你們別害我了。」

慢慢的，總經理聽到這些風聲，內心自然很不是滋味，開始對賴副總有了防範之心。

總經理很明白，單論學歷，賴副總在他之上；論起創新，賴副總比他大膽有想法；論起衝勁，賴副總年輕且有方法；論起帶人，賴副總的單位流動率最低、績效表現最突出⋯⋯。而他自己，雖然認真負責、忠誠度高，但是今天得以坐到這個高位，不過是有血緣關係（老闆的姪子）罷了，心裡一直虛虛的，不怎麼踏實。

於是，總經理開始拉攏另外兩位副總經理，不只是走得近、互動多，而且只要遇到兩位副總經理提的案子，總經理都會大表贊同、快速通過。相反的，遇到賴副總的提議，即使在會議場合，總經理也會公開否決，並露出輕蔑的表情，將案子往桌上一擲，一次又一次讓賴副總下不了台。另外兩位副總（也就是老三和老四）不是坐在一旁頻頻點頭稱是，就是站出來附和總經理的說法。

除此之外，這兩位副總還會消極抵制，凡是賴副總部門的專案需要協助時，他們都是百般刁難，像是故意挑錯、不提供人力支援、拖延完成等，弄得賴副總必須經常上門再三請託，還得看他們臉色彎腰賠不是。

匹夫無罪，懷璧其罪

賴副總非常痛苦，跟同學談起這件事，同學提醒他，總經理才是背後的藏鏡人，目的是逼退他，除掉頭號威脅者。賴副總百思不得其解，因為論年紀，總經理長他十歲；論背景，總經理要喊老闆叔叔，哪裡需要來防他？就是要防，另外兩位副總經理在公司的資歷都比他深，更是輪不到來防他。

同學問：「論績效，你和另外兩位總經理相比，誰強？」

賴副總答：「我。」

同學再問：「老闆比較器重誰？」

賴副總答：「我。」

講到這裡，同學說：「答案不就出來了嗎？」賴副總仍然感到萬般冤屈，再三強調自己完全沒有意圖要坐總經理那個位子，而且態度謙恭禮讓，任憑總經理譏刺與羞辱，依然維持高度EQ、認真做事。

同學聽了，搖搖頭說：「沒用的！就像婚姻裡，男人有外遇，女人再賢慧溫柔也喚不回對方的心，只會招來嫌惡與厭棄。這時候，原配要做的事只有一件，就是自立自強，不靠男人也可以活得很好。」世間的道理是相通的，同學因此奉勸賴副總：

「老二如果想要存活，只有一條生路——當老大。」

俄羅斯套娃娃現象

這就是「俄羅斯套娃娃」現象——六個娃娃長得一模一樣，一個比一個小，大的套住小的，把它完全蓋住，不讓人得見。一樣的，在職場裡，很少主管容得下比他能力強、表現優、亮度高的屬下，害怕被蓋住光彩、被取而代之。

如果老二的能力與老大接近，老大感受到的威脅將更強烈，就會想要快快除掉老二。至於老三、老四，不論能力表現或聲望地位，落差有一段距離，不致成為假想敵，卻可以拉攏過來成為盟友，一起幹掉共同的敵人：老二。

所以，若是想要明哲保身，不是擁抱老二哲學，而是老三哲學。而已經是老二的則必須擁抱老大哲學，否則就只有被做掉的份，不容易高枕無憂，做到退休的那一天。

1-8 要不要為了加薪三千元升主管？

有一天上完斜槓基礎課後，一位二十九歲男生對我說，公司要升遷他，但是他很猶豫，不知道該不該接。旁邊其他學員聽到，紛紛露出不解的神色問他幹嘛不接，男生說：「才加薪三千元，可是我再也無法準時上下班，不再有生活品質。」

聽他這一說，學員立刻分成兩派，一派同情地表示了解，人生不是只有工作，一天平均加一百元，不必為了這個便當錢犧牲掉生活品質；另一派則表示欣羨，年輕升主管是很幸運的事，要多珍惜！而且三十歲前能占一個主管缺，以後發展才會看好。

千萬別讓自己陷入「二擇一」的困境

兩個立場，各自表述，這是典型的「二擇一」陷阱，我當然不能跳進去，反而是單刀直入問對方什麼是「生活品質」，男生楞住了，為之語塞，後來才囁嚅地說：

「像是可以和朋友看場電影、和女友在家一起煮一頓晚餐……還有我可以補德文、學習技能啊！」

因為其他主管都每天加班到八、九點，他無法想像自己能夠破例。於是我建議他何妨退一步想想：能不能一週只要加班三天，另外兩天準時下班？男生點點頭說，努力一下應該可以做到。接著我再問，他堅持的「生活品質」每週有兩天做到，是否足夠他滿意？他再度點點頭說足夠了！我兩手一攤說，那就沒問題啦。可是其他學員不放過，繼續追問：「有需要為了這點錢賣命嗎？」

我用力點頭說「有」！因為升遷的意義不只是加薪，真正的價值是豐富個人的歷練、提高生涯發展性，以免中年容易失業或求職不利。這一點年輕時感受不到，中年以後才會體現出來。

沒有帶過一個人的外商高階

Judy 現年四十二歲，來報名我的斜槓進階班時才剛失業一個月，卻已經有一種走投無路的絕望感。她不但留美，讀的還是常春藤名校 MBA，之前在一家大外商當高階主管，但前年公司被購併，在一連串惡意逼退之後，Judy 不得不黯然離職。Judy家住中部，外商極少，能找的工作盡是本土企業，卻也都在被問到「帶過幾人」之後一槍斃命。

「像我這樣的資歷與年紀，本土企業都希望我能去當主管，帶十幾人或幾十人。」

「妳曾經是高階，不是嗎？」

「可是，我在外商的這個職務是不需要帶人的。」

Judy這麼說，我一點都不驚訝。在台灣，很多外商是來做市場的，核心團隊只有兩種人：行銷與業務；加上總公司在人頭上有管制，人事都很精簡。這些人的頭銜都大到會令人閃花了眼，可是底下帶人最多小貓兩三隻，更有不少是一人部門、一人主管。

「你從來沒有想到要帶人嗎？」我問她。

她說：「我們外商認為，一個人能做成一個團隊、抵得了千軍萬馬，才是如假包換的菁英，也是一種驕傲。」

結果呢？當她一離開外商，想轉戰本土企業時就撞牆啦！

本土企業營收規模小，要付給Judy外商的薪資水準，就會要求她能夠帶團隊打硬仗。當 Judy 亮不出帶人經驗，應徵的公司自然會覺得她不值得這個價。即使 Judy 願意降薪與降職，可是這個年紀給她非主管職，公司會覺得於情不合。

「我就因為沒有帶過人，在中年求職時，卡死了。」

薪資高過上司，哪裡能安穩？

時光倒回剛進外商公司的十五年前，年輕的 Judy 再怎麼深思也無法懂得這個道理；非得要人到中年，被逆境撞得頭破血流，才體會出當主管、帶過人的重要性。不過在本土企業，不必等到十五年後才會明白。台灣有長達十六年薪資凍漲，很多公司長年不調薪，就算有調，也是令人心酸的幾百元；若是想要加到幾千元，除非一個情況：升遷！

而且，不只要靠升遷才有機會拉大調薪幅度，活到我這個年紀，周圍多的是一種人：二十、三十年前進入職場，碰到好時光，一路隨著年資調薪，超爽的！直到四十多歲，問題來了：他們的薪資往往比年輕的頂頭上司來得高，突顯了不合理性，上司當然會向公司抱怨，逼得公司不得不面對解決這個問題的迫切性，於是一刀痛快地切除這些「毒瘤」。

想想看——假使他們升上主管，薪水不就相對合理，被拔掉的可能性便降低了嗎？有一次，我把一位工作了二十五年突然「被失業」的人資人員介紹給我的學生輔導，他們同樣是做薪資的背景，只不過我的學生在外商，才二十五歲就月領五萬元薪水，內心已經非常滿足，一得知這名失業者居然坐領八萬元高薪，不以為然地說：「他的能力與觀念好像只做了一、兩年，根本不值得領這個價碼，難怪會被裁掉。」

由此可見，有沒有升上主管對於生涯的發展性影響深遠，近則決定加薪幅度、工作能力的鍛鍊與成長，遠則決定中年的去留；所以，年輕的你千萬不要輕易拒絕任何升遷機會，除非職責的負荷造成健康問題。

在應該奮鬥的年紀，絕不能追求安逸

不過一般而言，適切的管理幅度在六至八人之間，也就是說只有六分之一到八分之一的人當得上主管；尤其現在傾向扁平式管理，升遷越發困難。如果始終升不上主管，轉職時要怎麼說服面試官自己有帶人的潛力，就成了一個新的難題。貝芙．凱伊（Beverly Kaye）博士曾獲得美國人才發展協會傑出貢獻獎，她的著作《不升遷也可以》就是來為這樣的人解套的。

在過去，職業生涯有如一把梯子，每個人都得踩著別人的頭往上爬；到了現在，貝芙．凱伊說，那個梯子被拿走了，大家不能再往上走，不妨改成追求橫向的「職涯流動力」，像水一般四處流動，拓寬經歷與能力，像是爭取內部調職、或參與跨部門專案做ＰＭ。

雖然專案結束後，ＰＭ一職便解除，但是你已經藉此大大提高在公司裡的能見度，也具備帶人的經驗，寫在履歷上的說服力不輸給一個實質的主管，一舉兩得，值得努力一試。

至於薪水，不是不重要，但更重要的是薪資天花板。一般職員的薪資天花板低，而且早早來到；相對的，升遷有助於薪資天花板撐高一些、晚一點來到，薪資的成長空間才會擴大。

最後我要特別強調的一點是：不該在奮鬥的年紀，追求安逸。年輕時，工作與生活不可能求得平衡，一定是往工作端傾斜，工作的比重會大過於生活，要花比較多的時間與精力才能打好基礎；如果不顧現實，一味追求平衡，不過是用犧牲未來的高所得來做抵押。

奉勸你，能夠接受這個代價之後，再來談生活品質吧！

第 2 章

膽子大一點，
付出代價，做出正確選擇

這世界上沒有完美的選擇，都必須有了這就沒了那。
每個選擇都要付出代價，是一個「拿好處換好處」的交易過程；
不敢做出取捨，什麼選擇都做不了。
老天爺就算要挑一個幸運者，也必須你先付出代價，證明有資格獲得這個好運氣吧？

2-1 有選擇困難症？還是貪心什麼都想要？

每次上課或演講後，很多學生或聽眾會立刻圍上來，問的多半是職涯選擇的問題。可是我發現大家都犯了一個通病——貪心地什麼都想要！看起來似乎精明，其實是鬧糊塗，因為什麼都想要時，往往就會什麼都要不到，結果就是退縮回去，沒做出任何選擇，人生一直在原地踏步走，未曾邁開雙腳。

抉擇確實不容易，但是也沒那麼難，難就難在人性恐懼損失，這也要，那也要，通通都要。問題是這世界上沒有完美的選擇，都必須有了這就沒了那。

有捨才有得，恐懼損失什麼都選擇不了

比如有人想要升遷，可是擔心自此之後責任加重、經常加班，顧不了生活品質，就會來問我該不該接受升遷；其實他在問的是：「有沒有一種主管是可以每天準時上下班？」

如果有，別人早就搶過去做了！

再比如，有年輕人想去外商公司工作，藉以取得外商的訓練與資歷，可是能找到的盡是聘雇制，問我要不要去？其實他在問的是：「在毫無外商背景，又沒留學的學歷條件下，我能不能一進外商就拿到編制內職缺？」

如果有，也不會輪到他呀！

心理學家做過實驗，證明損失造成的痛苦二點五倍於獲得的快樂，可見得損失有多麼讓人痛苦，也更能夠說明多數人在做選擇時，因為恐懼損失，最後只選擇了什麼都不改變。這在告訴我們，選擇是要付出代價的，是一個「拿好處換好處」的交易過程，所以我們必須做出取捨，否則什麼選擇都做不了。

前「東京著衣」創辦人，現為 Wstyle 創辦人周品均寫過一本《女人要堅強而不逞強》，書中提到她一個在外商任職主管的女性朋友，月領逾十萬元，但經常要到國外出差；後來生孩子之後換工作，薪水差很多，不再是主管職也不必出差，卻有更多時間陪孩子成長。

這就是選擇，拿這種好處換那種好處的選擇。

可是，很多人在面對人生重大抉擇時，卻都未曾思考一個必然的後果：「所有選擇都必須付出代價、都必須承擔失去某部分既有利益」；反而是直線式思考，滿腦子只有一個想法，想要找到一個不需要取捨、不需要有痛苦損失的選項，最後的結果就是無限迴圈，做不出選擇，原地不動，跨不出哪怕一小步。

說穿了，這種心態就是「貪」，什麼都想要，卻又什麼都不想失去、什麼都不想付出。而這個貪心完全不符合現實，再說白一點其實就是愚昧，昧於事實，不想看清事實。

什麼都不改變，也算是一種選擇？

周品均書裡也談到另一個例子，像是經常聽到有人抱怨：「真的很討厭出差，害我沒時間陪小孩；我沒辦法啊，工作就是這樣！」當有人問，為什麼不換工作？他們會說工作很難找。當有人再追問下去，那你就換到內勤？他們會說不行呀，因為內勤的薪水低。

停！聽到重點了嗎？這些人已經做出選擇，選的是薪水，不是陪孩子。

可是他們沒法面對自己的愧疚感，於是就往外歸咎，像是公司不斷要求出差、內勤工作的薪水低……；問題是，他們抱怨的這些理由本來就是這類工作的本質，再怎麼抱怨也沒用，改變不了這個事實，世界不會為了他們要兼顧薪水與孩子而改變。

這讓我想到一名同事，考進報社時是編輯缺，可是做了一年後，看到記者每天在外面跑，見識多、人面廣，心生羨慕，便想請調做記者。有一次我聽到他跟一名資深記者請教，記者大哥提醒他記者的奔波與競爭壓力，他被嚇到了，就問：「那我能不能做半職的記者、半職的編輯？」

記者大哥臉一拉，正色地說：「你太貪心了！要嘛當記者、要嘛當編輯，各有各的好，沒有通通要的。」

明白了吧？做不了決定並非患了「選擇困難症」，而是貪心，不想失去任何一點點既有好處，以致令人遲疑不定。

錯過最大的鑽石？可惜人生無法回頭

在網路上看過一個故事。

有一次美國總統林肯在散步，路上有各種大小不一的石頭，他看到一個小女孩，跟她玩撿石頭的遊戲，規則是只能撿一顆石頭，而且不能回頭撿，石頭越大則禮物越貴重。你猜，這女孩後來撿到的石頭有多大？

出乎意料的是，她一個石頭也沒撿，當然也得不到林肯的禮物。

怎麼會這樣？沿路都是石頭，再怎樣都有一顆可以撿啊！可是問題不在這裡，而在小女孩想要撿的是「這條路上最大的一顆石頭」，所以她一路錯過其他稍小的石頭。

剛開始她撿起一顆不小的石頭，走著走著，看到更大的石頭，就把先前撿的石頭丟了；再往前走，又有更大的石頭，小女孩心想前面一定還有更大的，於是連撿都不撿了；直到走到最後，石頭越來越少、越來越小，女孩心有不甘，心想前面的大石頭都沒撿了，何必撿這些小的？

「選擇」的三種特質

這不是貪心是什麼？撥開這一層人性面紗，在做選擇時，一定要破除思考上的迷障，認清「選擇」的三種特質：

• 選擇是一個取捨的命題：不可能完美，有得必有失，勢必要面對損失的痛苦。

• 選擇是一個有條件的考題：不可能人人都可以無條件取得，一定是願意付出代價的人取得。

• 選擇是一個考驗人性的練習題：我們不可能是聖人，貪婪是人性，重要的是覺察它、面對它、了解它。

常常有人問我：「靠寫作就能成功嗎？」「經營 FB 就能賺錢嗎？」「做斜槓就可以不上班嗎？」老實說，這就是貪心！想要付出一點點努力、不經任何困難，就要取得全面性的成功，賺到錢又不必上班。試想，有這等好事，還輪得到我們嗎？

老天爺就算要挑一個幸運者，也必須你先付出代價，證明有資格獲得這個好運氣吧！伯樂要看上你這匹千里馬，也得要你先流汗跑三圈再說。

2-2 在看似吃虧的抉擇裡，有占便宜的未來

在重大抉擇上，比如換工作、調部門、考研究所、結婚、買房……等，你是不是經常猶豫不定、難以決定？是不是經常事後才後悔不已？那麼，我建議你試試本文要與你分享的「四定」。

同時，你也必須知道做決定有個前提——每個人條件不同，做出的決定自然無法相同。

個人條件不同，局勢隨時在變

有一天，有位上班族氣噗噗地對我說，他眼見死黨在一個合作案裡掉入進退不得的陷阱，勸了多次都喚不醒對方，請教我該怎麼辦。一方面他替死黨覺得不值，很明顯合作方在利用他，所以很生氣；另一方面也擔心死黨被利用完，沒有價值而被拋棄，下場難堪，心裡特別急。

在我們的生活裡，多的是這類案例，看似「皇帝不急，急死太監」。可是，這位上班族為什麼如此心急如焚？因為他犯了一個迷思：

- 以為每個人的條件都一樣，應該做出相同的決定；
- 偏偏每個人的條件都不一樣，無法做出相同的決定。

所以，有人因為要換工作而來詢問我的意見時，我從來不從自己的立場出發，原因只有一個：每個人的條件都不一樣！我的條件能做這個決定，你不見得有條件能做；你的條件能做那個決定，我也未必有條件能做，因此我們才講「易位思考」，穿了你的鞋才知道你腳痛。

人生很難，主要是做決定很難。可是在做決定這件事上，心理學有實驗發現，人的自信心遠高於事實的表現。這是因為這方面我們也剛好有一個迷思：

- 以為自己做的決定經過深思熟慮，結果勢必一如預期的好；
- 事實是隨著時間過去，人在變，局就變，條件也就不同了，所以每個決定都是一場賭局。

可是，我們也都知道以下兩件事很重要：一是選擇大於努力，因此選擇很關鍵，每個選擇都會影響下一個選擇，人生是每個選擇堆疊出來的；二是控管風險也很關鍵，這一生大家求的不也都是趨吉避凶嗎？有時一個風險會吞噬掉多年的努力成果，具有致命性的殺傷力。

所以，選擇正確、減少風險是我們要做的兩件要事。

沒有完美，只有四個「定」

即使如此，我仍然要告訴你，沒有決定是完美的，最後多少都有缺憾，因為我們有條件限制。所以，你應該追求的不是做出完美的決定，而是無論做出哪個決定都不要後悔、不要遺憾、不要抱怨。

這一年來，我找到「四個定」來幫助我做決定：

1. 定向：在這件事上，確定自己的方向。

2. **定位：**在這件事上，確定自己的角色。
3. **定見：**在這件事上，確定自己的原則。
4. **定力：**在這件事上，確定自己不受風吹草動的影響，繼續前行。

我的做法是，遇到選擇問題時就寫下這四個定。我的心原本有如一隻小船，在汪洋大海中隨著狂風驟雨動盪不安；一寫完頓時天際開了，一道光線射下來，烏雲散去，大海歸於平靜，船不再搖晃不定，能夠繼續前行，並看見遠方的燈塔。

哈佛商學院約翰．沙德（John Shad）商業倫理教席教授約瑟夫．巴達拉科（Joseph L. Badaracco），在〈一個有思想的人，是如何做艱難決定的？〉這篇文章裡提出五點，跟我的「四定」意外地不謀而合、相互呼應，證明吾道不孤：

一、每種選擇的淨結果是什麼？
二、我的核心責任是什麼？
三、現實世界的行事規則是什麼？
四、我們是誰？

五、我最終能接受的結果是什麼？

這五點是分析的方法，而我的四定是分析之後得到的定論。實際運用時怎麼做呢？

五個問題，幫你思考得更清楚

以前述這位上班族的死黨來說，他在與別人合作時，可以先從約瑟夫．巴達拉科的五個問題切入，比如說他分析之後，得到以下五個答案：

一、**我是誰——**我沒有足夠條件，無法獨當一面，需要與別人合作，借別人的勢壯大自己的勢。

二、**現實世界的規則——**這一行目前以採取團隊合作方式居多，單打獨鬥則力量單薄。

三、**我的核心責任——**對方是個大企業，以他為馬首是瞻，自己全力配合就對了。

四、我最終能接受的結果——有小贏面就足夠。

五、每種選擇的淨結果——由目前的選擇看來，對方得到的比較多，似乎占了便宜，但是自己也在這一行獲得一席之地，後勢發展看好，這是能夠接受的結果。

一旦分析如上，這位死黨的下一步便來寫下「四定」，比如說：

- **定向：**與對方合作，在業界站穩腳步。
- **定位：**配合對方，全力以赴。
- **定見：**現在吃點小虧，未來占大便宜。
- **定力：**不論朋友的勸說，或自己一時自我懷疑，都要回到以上三個定，穩住小船的舵，繼續前行，直到靠港。

不前進，就不能開創新局

以上是我做決定的方法論，適用職場，也適用人生各個層面，你也不妨一試。

每個人的命運都有侷限性，各有條件，彼此運作的模式無法相互套用，無法說「If

I were you」（如果我是你，我就如何如何）。同時每個人的命運也有自主性，能夠透過上面五個問題和四個定，做出合適自己的分析與決定，並降低風險。

最後，命運還有開創性。人人都不能只想成功，不想失敗，否則無法前進，也就無法開創新局。再說成敗難以在一開始就料準，因為看似成功的決定也隱藏著失敗的因子，看似吃虧的選擇裡總有占便宜的未來。我們要做的是四定，確定自己這隻小船是朝著正確的方向前進即可，至於途中的風浪，就不是我們所能預測的了。

選擇，沒有最好的，只要合適的。

決定，沒有完美的，只要不後悔的。

人生，不可能永遠在最高點進場，而是要選在反折點切入。

2-3 你的前途，在第一份工作就決定了嗎？

台灣參加東奧佳績頻傳，參賽選手一夕暴紅，FB粉專被灌爆，人還沒回台灣，已經一躍成為家喻戶曉的明星。奧運還未結束，台灣的奪牌成績也已創下歷史新高，令全台灣的民眾都沉浸在興奮的喜悅裡。整個社會的氣氛勢必激勵更多年輕選手，油然升起一股「有為者亦若是」的心情。

不過，掌聲背後，年輕選手的家長恐怕都會陷入天人交戰的苦思中，心想：「到底要不要讓孩子走體育選手這條路？」

贏家通吃的職業

小時候的選擇，極有可能左右未來一生的走向，是一個艱難的決定。除了體育選手之外，還有一些職涯抉擇經常讓父母與孩子處於對峙狀態，比如想當畫家、當音樂家、當舞蹈家、當作家等。父母看過太多例子，聽過太多傳聞，發現這些行業具有三個共同特點：

一、太難出頭！

二、太難營生！

三、太難轉業！

天下父母心，這使得父母看到的總是務實的一面，注意到這些職業的生涯走向與一般人大不相同。沒錯，職涯有兩種：一種是我們一般人走的路，當個上班族；另一種，則是選擇「贏家通吃的職業」。

以奧運選手為例，一旦奪牌，不只名滿天下，還有巨額的政府獎金落袋，同時之後至少有一兩年各種廣告代言找上門，收入倍增。戴資穎就是最好的例子，從二〇二〇年到二〇二一年，看電視時，時不時就跳出一個她代言的廣告；奧運期間，我看到的更有六、七個之多。所以，新聞報導說她在高雄買下五樓透天厝，一樓用來開店，賣羽球用具。

除了體育選手外，明星藝人也是典型的例子。只要成名，年收入不是幾千萬就是億來億去，像是蔡依林、周杰倫、五月天等。這種天王天后等級的巨星，不僅成為追星族一窩「瘋」的偶像，演唱會門票秒殺，廣告代言的產品也暢銷，炙手可熱的程度只能用「火燙」來形容！

「倖存者偏差」與「路徑依賴」

一樣的，畫家、音樂家也都是贏家通吃的行業，只不過台灣這些職業大富大貴的例子少，才比較不受矚目。但就算東奧選手，能夠出頭的也還是屈指可數，像是打羽球，女的是戴資穎，男的是周天成，其餘的選手我們一般人就不太知道了，不是嗎？就算你說得出姓名，也都只有大賽事時，才能在鏡頭前偶爾露臉。

這代表多數人是無法出頭的。在奧運期間連篇累牘的報導中，我們也都看到，選手不僅練習非常艱苦，有些人甚至生活艱難。而歌手演員也是，沒出名之前，每天只吃幾片土司維生的所在多有。但是在奪標或成名的企圖心驅使下，他們得以堅持，跪著也要完成夢想，一般人才能看到他們冒出頭的一刻。

心理學有個「倖存者偏差」的說法，指的是成功者才會被看見，不成功的人沒有被報導，根本不會讓你看到，這會讓我們以偏蓋全，認為走這條路的人都成功了、而心嚮往之。特別是年輕人見識不多，更會這麼相信。但是父母吃過的鹽比兒女吃的米多，便心裡有數，知道多數人其實是趴倒在夢想這條路上。

沒冒出頭已經很讓人遺憾了，還會造成未來天差地別的命運，像是收入與前途。不過比較有問題的是「路徑依賴」，造成未來轉業上困難重重。運動選手多數人都未能成名，偏偏又生涯壽命極短，有些人甚至二十幾歲就不得不「退休」，往後要做什麼呢？由於不具備其他一技之長，也來不及掌握求職第一黃金時間，便會四處碰壁，造成後來的窮困潦倒。

「路徑依賴」（Path Dependence）是美國著名學者布來恩．亞瑟（W. Brian Arthur）和保羅．大衛（Paul A. David）提出的，他們是受到生物學和社會學研究「路徑依賴」所啟發，以此做為技術經濟學的分析工具。到了一九九三年，美國經濟學家道格拉斯．諾思（Douglass C. North）運用「路徑依賴」成功闡釋了經濟制度的演進規律，獲得諾貝爾經濟學獎。

轉換跑道，不是那麼容易的事

「路徑依賴」理論類似物理學中的「慣性定律」，指的是只要一旦進入某個路徑，無論好的壞的，就有可能對這個路徑產生依賴，自我強化之後，進入鎖定狀態，想要脫身就會變得十分困難。所以普遍說起來，多數上班族的職業生涯存在著一個不為人察覺的事實，那就是：

你的前途，在第一份工作就決定了。

大家經常說「轉換跑道」，不過，如果只是換到同一產業的其他公司，並不能說是真的轉換了「跑道」，因為這裡面除了牽涉專業背景之外，也與前面說的「路徑依賴」造成的慣性定律大有關聯。人是習慣的動物，改變並不容易。比如當有一個人中年失業，卻始終沒法另闢蹊徑，周遭的人就會批評他僵化沒彈性、身段不夠柔軟。原因無他，人性使然。

最後，是巨額獎金帶來的後遺症。奧運金牌拿兩千萬元、銀牌七百萬元、銅牌五百萬元。就算沒奪牌，挺進八強也至少可以領到九十萬元，第五與第六名也有一五〇萬元。中樂透的人都很隱密，可是奪牌卻是敲鑼打鼓，便會引來不必要的問題，像是跆拳金牌朱木炎被仙人跳即為一例。不過最可怕的是，一位日本財經專家說，中樂透的下場都不好。主要原因有兩個：

一、**揮霍無度：**這使得錢來得容易，也去得容易。

二、**辭去工作：**這使得千金散盡之後，等著你的是失業噩運。

少人走的路，需要更高的智慧

由此看來，當父母不讓兒女從事「贏家通吃」的職業，不表示他們保守不開通，而是這類職業一路走來真是不容易，沒出名前擔心前途未卜，出名之後煩惱名與利對人性的考驗。所以要支持兒女走這些路，除了不恐懼與不後悔，還要勇敢與承擔，更重要的是有智慧，隨時協助兒女走出壓力並遠離誘惑。

我們都知道，成功前付出努力，成功後付出代價。但要是不成功，必須付出的就是生涯的曲折與挑戰。成功不會只有一條路，但是走少人走的路，更需要智慧與支持。

2-4 誰說只能「二選一」？增加選項！增加選項！增加選項！

如果你離過職，離職時也辦好交接，風評不錯，往往都有被找回老公司的時候；那麼，你該回鍋嗎？由於待過一段時間，熟悉公司裡的人事物，不論好壞都心裡有底，反而會猶豫，做不了決定。曾經有讀者便因此私訊我，問道：「回鍋好嗎？」

前公司向你招手的時候……

我認為沒什麼不好，因為回鍋本來就是很普遍的現象。我見過有人三次回鍋，做得還不錯，和同事相處毫無違和感，總是開心地去、開心地走，同事也不覺得驚訝，每次像看到老朋友似的，一句「啊你回來啦」就直接開工。

這跟回家，家人說「啊你回來啦」就直接開飯有什麼不同？可見得，要不要回鍋是很「個人」的問題，有人不會心裡彆扭，有人卻卡關得嚴重，總覺得後面有幾十隻眼睛盯著自己，在說自己的閒話。沒有人不會在別人後面說是非，當看到有人回鍋，一定少不了閒言閒語。不過這是一陣子的事，大家都工作忙，時間一過就不再說了，就看你要不要挺過這段尷尬的時刻。

所以，這時候不必去想「好漢不吃回頭草」這檔事了，因為某人是不是好漢和他吃不吃回頭草是兩回事。而且更重要的是，在職場打拚，面子是最不值錢的、也是最害人的。不過，對於回鍋，我倒是看到另一個很值得深思的問題：為什麼前公司向你招手時，你會開始認真思考離開現職，而且陷入「二選一」的困境？

換句話說，這裡存在兩個問題，可是很多人都沒思考清楚：

- **你要不要離職，跟前公司來不來招手有什麼關係？**
- **你要不要離職，怎麼會只有前任公司與現任公司兩個選項？**

我們都看過少女被網友拐騙的新聞，父母總是心急如焚，要警方快速找回孩子。再看看那些拐騙的壞人，條件多半很差，只有一項很強：甜言蜜語。為什麼？多數的未成年者之所以會被拐騙，都是為了逃離原生家庭，這時只要有人表示善意、跟他招手，他就跟著走了。

這也是一般人離職的姿態：逃離！這時候誰能將他帶離開，他就跟了誰，不會想明白為什麼換工作，以及想得到什麼。像我的這位讀者，只不過因為前公司向他招手，就開始想著要不要回去。

困在城堡裡的長髮公主

其實，前公司會突然找你回去，只不過基於兩個理由：首先，他們缺人手；其次，他們不想訓練新人（當然，也可以說成他們要用具有「即戰力的老手」；你則可以自我感覺良好，想成「前公司肯定我過去的表現」）。

懂了嗎？這就是為什麼他們找上你！說不定他們手上有一長串名單，都是離職同事，正打算全部輪番問一遍，而你只是其中之一。

這是前公司找你的理由，那麼，你自己想換工作的理由呢？多數人都是這時候突然發現兩件事：前公司也有它的優點，目前公司也有它的缺點。

於是乎，你就陷入了「二選一」的抉擇裡，比較來比較去，好像菜市場裡只有兩攤賣菜的，沒得選了，只能在前任與現任兩者中挑一個。講到這裡，你是不是感覺到其中存在的荒謬性？我便問他，沒有其他選擇了嗎？他說前一陣子試過投履歷，結果不順利。

乍看之下，他有如困在城堡裡的長髮公主，而前公司則是前來拯救他的白馬王子。而事實是：

- **缺少方向感：**長髮公主其實沒有想要去哪裡，只是一心一意要離開城堡。
- **缺少目標性：**就算不是白馬王子來救，是騎驢的史瑞克也行。

長髮公主其實可以放下長髮，自己溜走，愛去哪裡就去哪裡。所以，重點是你有方向感嗎？有目標性嗎？如果都沒有，便會只要前公司來招手就心旌搖惑，然後在前任與現任中來回比較。看似認真，其實只有兩家，哪有什麼好比的！

前公司是塊肉嗎？你自己是根蒜嗎？

所以思考的重點不應該在於「要不要回鍋」，而是在於「換工作的原因」，而且不應該是因為現在公司有缺點，所以要離職；而是未來公司有優點，要換過去任職。換工作是「未來式」的問題（希望未來得到更好的發展），並非「現在式」或

「過去式」的問題，像是目前公司有什麼不好、前一家公司有什麼好。

其次，換工作的第二個重點是：增加選項！增加選項！增加選項！講三遍既表示很重要，也表示它經常被忽略，需要再三提醒，千萬不要陷於前任與現任的二選一困境裡。就算最後在多個選項中，確定要選擇前公司，那麼回鍋前也請至少確定兩件事：

- **前公司是塊肉，可以做成好吃的回鍋肉。**
- **你自己是根蒜，可以幫回鍋肉提味搶鮮。**

回鍋沒什麼好或不好，而是不能為了有人招手就考慮換工作，那麼你這個人的主體性在哪裡？你對職涯的自主性在哪裡？你的人生不應該別人招之即來、揮之即去，這才是你要堅持的骨氣，反而不是膚淺的面子。

2-5 沒有選擇一〇〇%完美，只能讓選擇做到一〇〇%對

看到標題，你是不是覺得我在玩繞口令，心想：「這是在說啥呀？」

你可知道，做對選擇有三個要領，而這是第三個，也是最關鍵的一個。我之所以要強調它，原因也在標題裡面——沒有選擇是一〇〇%對！

很多人做不了選擇，或是遲遲無法行動，就是卡在想要做出一個一〇〇%對的選擇；但是選擇真的很困難，因為我們無法未卜先知，所以要努力的還有這個：

不管選擇對了多少，或錯了多少，就是想辦法讓選擇做到一〇〇%對！

才三十五歲，職涯就已步入下滑期？

不久前，某一天晚上教課後，有位學員來問我一個職涯選擇的問題。我相信，很多三十多歲的人也都遇到過這個困難的選擇題。

她三十五歲，生完孩子後才換到一家日商公司工作沒多久，月薪四點五萬元，比前公司少三千元。為什麼她會屈就更低的薪水？因為前公司幾乎天天加班，負荷不了，才鐵了心換工作，可是一丟出履歷就發現，自己不過三十五歲卻已經大不如前，沒有多少面試機會。在選擇極其有限之下，不得已只能選擇這家公司。

打聽過後，她發現新公司是會調薪，不過每年只加薪五百元；也就是說，她要拿到現在台灣平均月薪五萬元（含年終獎金之後平均），是在四十五歲。但是她做的是 key 單之類的行政工作，到時極有可能被取代而失去工作。

突然之間，她驚覺到才三十五歲，職涯卻已經步入下滑期，後面還有三、四十年怎麼辦？於是她報名來聽我的微課堂，剛好聽到我講三十五歲的兩個統計數字，更加感受到改變的必要性：

- **三十五歲是低薪與高薪的分水嶺：**假使三十五歲前是低薪，就很難在三十五歲後翻轉薪資命運，跳到中間薪資，更別說成為高薪族群。因此如果不做任何改變，勢必淪落至低薪族群，不僅薪資落差逐年擴大，自身的價值也會越來越低，最終可能被年輕人取代。

・**三十五歲左右開始面臨減薪的噩運：**這是中研院統計出來的結果。以前的世代大約在五十歲出現減薪現象，但是四十四歲以下的人卻大大提早在平均三十五歲前減薪。老實說，看到這個數字時，我深受震撼，也悲涼不已，這就是時代走勢，弱勢的人無法螳臂當車。

這兩個現象，是不是剛好對應了這位學員的景況？也難怪她會緊張，想知道她下一步該怎麼辦。但在她詢問我的過程中，我發現，她也和很多人一樣，陷入了「絕對化」的思維盲區裡。比如說，我問她能不能在公司裡換到高價值區的職位，她說看來只有業務一職可以勝任，可是做業務必須經常出差，她「絕對」不行，因為「一定」要照顧孩子，這是媽媽「應該」盡的責任。

無論如何，每個選擇都無法一〇〇%完美

缺乏彈性就無從改變，也只能讓劣勢繼續惡化下去。你有沒有發現，光是在這段話裡，她就用了三個「絕對化」的字眼：絕對、一定、應該？一口氣用三道鎖把自己鎖死，就會思維僵化，那還有什麼商量的餘地呢？反之，她應該掌握的是一個

人如何增加「選擇力」的三個要領：

一、分析、判斷選項的能力；

二、創造選項的能力；

三、將選擇變成正確答案的能力。

第二個要領就是要我們打破思維的框架，想辦法增加選項；相對而言，絕對化的思維則是阻擾增加選項的最大絆腳石。比如她可以開放一些，像是每星期有二天或三天出差，還有一半上班天數可以準時回家，再加週末假日，其實時間並不少，無礙於她扮演一個盡責的母親。

但是無論如何，每個選擇都無法一〇〇%完美、全都符合我們的心意，勢必各有優缺點，這是必須接受的事實。比如選擇以照顧孩子為第一優先，並且不做出任何改變，就得接受未來落入低薪、甚或失業的結局。相反的，選擇以追求高薪、職涯高穩定為主，就要接受無法天天陪孩子成長的遺憾。

假使這些缺點或遺憾讓你難受，還可以用第三個要領，也就是採行最近台灣的流行語「滾動式修正」。比如照顧孩子之餘教孩子學日語，同時拍影片經營YouTube或播客，教家長和孩子一起學日語，有機會成為微網紅賺業配收入。或是想辦法提高數位能力，用Google Meet或Webex和客戶社交或開會。

在我們的生活周遭，總是有些人經常能夠做出對的選擇，像是買房子、選工作、挑伴侶等；我們會認為這些人很幸運，或是很有眼光，事先就知道什麼選擇是對的，或是很理性，能夠排除情緒干擾，做出有利的選擇……。事實是這樣的嗎？一點都不是，這些人不是神仙，他們只是努力的人，努力讓選擇做到一〇〇％對。

你最該後悔的，是沒有做任何選擇

所以，不論你做出什麼選擇，相信你都分析過、判斷過，根據自己的條件與價值觀，做出對自己最有利的選擇。即使結果未必全如預期也不必後悔，因為最該後悔的是你沒有做任何選擇、沒有展開任何行動。而且，你總是有機會一邊做一邊調整：

一、換一個新的期望值；

二、換一個新的路徑；

三、換一個新的做法。

做對選擇很重要，會讓我們覺得人生是掌握在自己手上，而且認為自己是幸運的人。

2-6 打不過，就沒得選？還有「離開」可以選！

你的主管，是不是這種類型？

前一秒對你堆滿笑容、輕聲細語，下一秒暴跳如雷，把你罵到體無完膚，你被嚇住，呆立在現場，因為你還停留在前一秒飄來的關愛眼神、感到世界無限美好，無法立即切換到眼前的這一刻，漫罵有如狂風暴雨，掃得你狼狽不堪，不知如何是好。

這種情況，可能一天發生一次、可能三天一次、也可能一個月只有兩次……；但是重要的不僅是頻率，還有持續性，可怕的是你不知道下次他會在什麼時候發作，因此你時時刻刻處在備戰狀態，緊張、焦慮、不安，影響到食欲、睡眠，以及健康。

不要以為他只是「情緒化」而已

對於這樣的主管，你會怎麼形容他？

過去，你會說他「情緒化」。

當這種主管的行為只是被定位在「情緒化」，你就會期待他只需要解決「EQ問題」，管理好自己的情緒。而你也會告訴自己，他平常對我不錯，會關心我，和我談心事、分享秘密，只是壓力大，難以控制情緒而脾氣壞。總之，這是個好人，不過是個任性的小孩，就包容他吧！

但是，當他的情緒化行為越來越定型，成為持續性的習慣時，你有沒有想過會對你有什麼影響？

你會被他的時好時壞給控制住，情緒跟著他起伏，工作效率跟著他不穩定；回到家之後，你對孩子也是一會兒輕聲細語、一會兒咆哮怒吼，生活跟著他走著走著，變調了。

這代表什麼意思？

你被控制了！他看似情緒化，好像是一個任性的小孩，可一旦穿透他的行為，你會看到背後站著一個控制狂，像巨人般地俯視，想要一口把你吞噬掉。

他的目的，就在控制你

「控制」是職場霸凌的核心，控制你之後，接著很可能就是毀掉你；不只毀掉你的工作、前途，還會毀掉你的健康、家庭，以及未來人生。《你不是活該被欺負，是你人太好》一書的作者蓋瑞．納米（Gary Namie），是北美洲反職場霸凌的權威，曾發起反職場霸凌運動，他指出，職場霸凌的主管有三種類型：咆哮狂、批評魔、雙頭蛇。

咆哮狂或批評魔都容易理解，「雙頭蛇」又是什麼？他們就像川劇的變臉，可以在一秒之間變出兩張臉，一張臉和藹可親，一張臉猙獰可怖，讓受害者困惑。

雙頭蛇的受害者以善良好人居多，他們相信世界是美好的、人人都是好人，容易否定霸凌的存在，以致姑息養奸，讓雙頭蛇一再得逞，最後固化為彼此的相處模式，一方是加害人，另一方是受害者，再也無法打破與掙脫。

小白就是一例。

他不知道怎麼面對雙頭蛇主管，最後連健康都崩潰，必須靠安眠藥入眠，而先生怎麼勸導都無效，最近提議離婚，帶走女兒，以免女兒生活在小白的陰影裡。

昨天掏心挖肺，今天不留情面

小白的主管是女性，至今仍然單身不說，父母與家人都住在美國，只有她一人在台灣，和男友分手一年，始終無法從傷心悲痛中走出，經常拉著小白哭訴，下班還會約去酒館小喝兩杯，掏心挖肺，該說的與不該說的都說了，說完還抱頭大哭。

可是一到上班時刻，主管就自稱鐵面無私，看到一點小錯就無限上綱，擴大解釋，批評到小白體無完膚。另外，這位主管也自許完美主義者，小白做的所有事情她都要事先看過，包括 Email 都會改得面目全非，問題是並未改得更好。當小白想要辯駁，主管就會要她「回頭看看後面」，威脅她：「不想做嗎？後面多的是排隊想進來的人。」

是的，主管完全了解小白的家庭負擔，以及害怕丟工作的恐懼心理。小白的女兒才一歲大，剛換房子，先生到新公司三個月，一切都在不穩定中，而且有沉重的經濟壓力，所以主管完全手握小白的致命弱點，在情緒上予取予求、任意凌遲。

小白生性善良，加上主管下班後對她關愛與慷慨，請她吃飯、唱歌與喝酒，跟她聊心事……，這一切，都使得小白無法認定主管是個霸凌者。

問題是，情緒知道你所有的壓力。回到家之後，小白變得脾氣暴躁，還會失控責打還在學走路的女兒；睡覺時不時驚醒，常說夢話，甚至整夜失眠。先生認為小白不能就此下去，必須勇敢離職，換個工作，重新開始，但是小白反過來幫主管說好話、找理由，告訴先生：「平常時候，只要工作上沒做錯，她都對我很好，是個好人，你不應該給她貼標籤。」

打不過他，就離開吧！

環顧職場，這種雙頭蛇主管可說不在少數，一會兒摸你的頭稱讚與勉勵，一會兒對著你吼叫飆罵，動不動就威脅要把你炒了。相信你的直覺，他們就是雙頭蛇，正在對你催眠，加以控制。以下有四點建議：

一、**拉出人際界線，公私分明**——避免下班後的相約或吃飯，上班時的談話也盡量鎖定公事。

二、**掌握第一時間表態，堅定而明確**——讓雙頭蛇主管清楚你拒絕被耍。

三、搜集證據——包括於對方不利、對自己有利的證據，總有一天會派上用場。

四、尋找有力的支持者——越多越好，比如人資、老闆、同事等。

不過坦白說，支持者通常都在企業外，比如配偶或好友，可惜他們只能做到精神支持。依據美國職場霸凌研究所調查統計，願意正面支持受害者的人裡，同事只有十五%，老闆只有十八%，人資只有十七%，支持力量極為薄弱。

因此，對抗職場霸凌是一場一個人長期艱苦的戰鬥，即使在美國，高達四成的人都只能選擇離職，只有三%會採取控告、四%會舉發，其他多數人都是隱忍不發，造成身心與家庭傷害。

健康與家庭一旦崩潰，經常是難以回頭或彌補。所以，當你的力量不足以抵抗，身邊也缺少支持者，最好的方式就是離開，不要讓身心崩潰。至於薪水，比起健康與家庭就沒那麼重要了，咬著牙就可以撐過去。

2-7 財富自由，為的是人生有選擇的自由

看到有人炫富時，我們常說：「有錢就是任性！」可是，根據我做職涯諮詢的經驗，卻發現「缺錢的人最任性」。

某些有錢人是任性沒錯，不過那是有錢以後才任性；當他們沒錢時，可是一點也不任性，有錢時不想做或不敢做的事都來者不拒，展現出驚人的韌性。相反的，很多缺錢的人卻一直任性到底，終其一生，看不到他們為了變得有錢鍛鍊出軟鋼般的韌性。

你有的是任性，還是韌性？

有一天，爬山時意外遇見同學，我們一邊走一邊聊著近況。同學一直在大企業任職，前幾年隨著公司的南進政策，被派往國外擔任子公司負責人，那裡很多觀念與制度都未充分建立，有些員工做事「不誠實」，負責人是要坐牢的，壓力大到不

行，不幸罹癌，不得不返台歸建，直到最近才退休。

不過他也告訴我一個好消息——考取日語領隊，拉出人生第二曲線。除了恭喜他之外，我好奇地問：「你什麼時候學會日語的？」

他說：「這兩年生病時學的。」

天啊，連罹癌時都在學日語、考領隊，這才叫做韌性！可是不對呀，當領隊哪裡是個舒服的工作？要比客人早起晚睡、忙裡忙外，健康都這個景況了，何苦來哉？他說：「不會呀，可以有選擇，只挑親朋好友團，不做一般團，這叫做任性！」緊接著，他又輕描淡寫地說了一句：「我不缺這個錢。」

想想也是，我揣測他退休前應該是年薪六百到一千萬跑不掉，早早財務自由，才能把一句豪氣干雲的話說得雲淡風輕，令人羨慕極了！心想何時也能嘴上春風，拿這話來「搖擺」一下。可見得有錢沒錢，人生風景大不相同！一般人都說「財富自由」，可是財富又沒長腳，哪裡談得上自由或不自由，所以應該說成——人生自由。

有一次我上電台節目，主持人憲哥是年薪千萬的講師，正好要過五十歲生日，自承想了很久，認為人生自由不應該只是財富自由或時間自由，而是靈魂自由，靈魂想做什麼就可以做什麼。這個說法抽象了點，我倒是認為「選擇自由」更貼切，想選擇做什麼都能隨心所欲，不受困於金錢或其他因素的考量。

啥都沒有時，怎麼還任性

有一天，我一連做了六名上班族的職涯諮詢，得到一個結論：沒錢的人好像比有錢人還像不缺錢！當機會來敲門時，一般人總是很任性，挑三揀四，這不做、那不做，或是很容易半途而廢，說放棄就放棄，任性到好像他們的人生充滿機會似的，只看他們要或不要而已。

其中一位是從小很會讀書的男性，四十三歲單身，三十歲時礙於健康，辭去一個好工作之後，再也沒有做過正職，蹉跎了足足十三年！就算是生一個孩子，也養到國二了，更何況錯過求職的黃金年紀。這不叫任性，什麼才叫任性？在跟我做過職涯諮詢之後，他決定考公務員！可是仍然有些裹足不前，理由是：「我每次考公務員都沒上。」

「總共考過幾次？」

「兩次。」

兩次也能算是「每次」嗎？一般人自尊心過高，總會習慣性放大失敗，好像一點失敗就挫折到不行，然後自艾自憐，找個藉口就放棄，比如「我沒有考試運」、「我跟當公務員沒緣」等等。

這位個案也是一樣的罩門，依我看就是任性，於是我問他：「你不缺錢，是嗎？」

「我一個月收入才三萬多，當然缺錢！」

還沒死到臨頭，才會活得半死不活

這位任性哥，讓我想到去年考上公務員的鄰居。你猜他幾歲？四十八歲！因為有兩個還在讀國中的孩子，他卻「被失業」，求職又四處碰壁，總不能讓孩子失學吧！只有硬著頭皮拚了，發誓非考上不可！結果跌破所有人的眼鏡，還真的讓他考上！

有一次在路上遇見，我好奇地問他：「這一年，你是怎麼準備的？」

他這麼回答我：「沒什麼訣竅，就是缺錢！」

一個很會讀書的年輕人考了兩次公務員就放棄，因為單身，一人飽全家飽，所以他敢任性。而另一個讀書普通、三十年沒碰過教科書的中年大叔，一次就考上公務員，不是因為考運好，而是他缺錢！如果考不上公務員，不只他活不了，連孩子都是，所以他不敢任性。

很多年輕人在選擇工作時，都會說「人生不是只有工作」，希望工作與生活能夠兩相平衡。但是有點理智的人都知道，工作與生活根本無法兩全其美，只能取捨，所以他們選擇的不是生活，而是生存，先求努力活下來，再求活得好。不過好笑的是，很多人明明活在生存邊緣，卻渾然未覺，照樣任性不誤。

缺錢時展現韌性，有錢時才揮灑任性

當天的另一位個案是離了婚的三十八歲女性，開工作室，接多少案子就做多少，不做宣傳與開發，所以收入並不穩定。不時要依賴父母的金援，而且因為養不起孩子，只能無奈地把孩子交給先生和準後母，常常夜裡想孩子想到淚濕枕頭。

當我跟她討論怎麼做行銷，像是經營FB、YouTube，或到企業、學校演講打開知名度，以及建立人脈，把業績做大時，她猶豫了……

「可是，我一向很低調，不好意思自我推銷。」

「妳一定不缺錢用吧？」

「哪有？缺得不得了！」

那，還有第二個選擇嗎？就去做呀！這世界上，只有一種人有選擇的自由，就是財富自由的人。財富不自由，就談不上享有選擇的自由，再勉強都要去做從來沒做過的事，叫做「突破」！再勉強也要去做不想做的事，叫做「改變」！再勉強也要去做不敢做的事，叫做「勇敢」！

弱者沒有哭泣的權利，同樣的道理，缺錢的人沒有任性的權利，也沒有資格這不想做、那不想做，或是失敗一兩次就放棄。想任性嗎？可以，等你有錢再來愛怎樣就怎樣，享受「有錢人就是任性」的爽度與豪氣。至於現在，請展現出韌性，為著追求目標而去付出所有必要的代價，並記得這兩個活著的要領：

- 重要的不是有錢就任性，而是任性讓你沒錢。
- 缺錢時展現韌性，有錢時揮灑任性，才是人生！

2-8 沒人可以強迫我們做任何選擇

幾乎每一天都有人問我他該不該離職，背後的理由有千百種，不一而足，也各有各的委屈與憤怒。通常這些理由都和別人有關，也就是那句老話：「千錯萬錯都是別人的錯」，說得好像離職是被迫的，不是個人意志所為，因此他們的心情是無奈的。事實真的是這樣嗎？

你選擇工作時，考慮的都是別人的需求？

某一天，有位男性在ＦＢ上私訊我，說他離開前一份工作一段時間後，主管來求他回去，在電話中很客氣，好像什麼事都可以談，而公司什麼都可以讓，只要他能夠回來任職就好。問題是，等他一回去復職，沒幾天主管就換上另一副嘴臉，和他前次離職前一模一樣，對他頤指氣使，要求這要求那，嫌棄這嫌棄那，有如他一無是處。於是他跟我抱怨：「既然覺得我這麼差勁，當初何必找我回來上班？」

我就問他當初主管說了哪些話打動他，讓他回心轉意願意回去上班；不過，他回答完之後，更生氣地丟下一句：「我覺得我上當了……」

這就是典型的「受害者心態」！

這位當事人顯然自我感覺良好，認為既然是別人來求他，一定意謂著他是個人才；而且對方正找不到人才，聽起來很可憐，當然義不容辭，拔刀相助，回去幫忙呀！

這種心情，很多人都曾經有過。經常有人來跟我說，朋友來找他，所以他就去「幫忙」；前老闆來找他，所以他就去「幫忙」……。每一次我幾乎都會問：「你選擇工作時，考慮的不是為了你自己的前途發展，而是別人的需求嗎？」

這些「愛幫忙」的人，也幾乎都會擺出一副「是呀，當然要情義相挺」的態度，整個情境彷彿童話情節，王子騎著白馬去解救困在城堡裡的落難公主。可是等他們急匆匆地趕到城堡，才發現對方不是無助的公主，而是易容過的後母皇后。再低頭看看自己，既沒有白馬也沒有長槍，只是一個冒牌貨王子，根本無力對抗魔女或魔王。

你是好心人，還是糊塗蛋？

是的，如果換工作是為了別人，不論是幫忙對方或解救對方，都不代表你是一個好心人，而是一個糊塗蛋，原因有三：

一、換工作是為了有更好的前途，而不是為了證明你有一副好心腸。

二、換工作考慮的核心是自己的發展，而不是「朋友有難，他的事就是我的事」。

三、換工作是去當同事，而不是當朋友；重要的是完成事情，而不是增進感情。

當這三個重點沒釐清之前，就很容易犯下公私不分、角色不清的大忌，最後情感層面嚴重受挫，而有受騙上當的感覺，以致憤而求去。

這種情形，很容易發生在挖角的時候，例子俯拾即是。對方為了鞏固自己的班底，會找老同事或老同學去幫忙，勸說時一定說得天花亂墜，使得你一個不小心便腦弱，仗著義氣衝天就直奔而去，導致認知偏差，彼此應有的職場倫理受到扭曲，結果往往不歡而散。

我曾經訪問過一個案例，是美國留學回來的ＭＢＡ，任職外商，有個同事轉戰到另一家外商後便向他揮手，請他去幫忙。晚上兩人在酒吧聊，酒酣耳熱，對未來充滿無限憧憬，可以攜手幹些大事……，隔天，這個人就遞上辭呈過去了。一開始當然有一段蜜月期，但是時間久了，一切變得不對勁。

他發現，這位老同事，也就是他現職的主管，老是卡他的案子，讓他做不了業績，拿不到獎金，他當然心裡很不爽，心想：「當初是你找我來抬轎，現在轎子抬起來了，你卻過河拆橋，把我耍了。」

由於被主管卡得太凶了，他的工作目標無法達成，壓力大到不行，健康亮起紅燈，心臟無法負荷，有一兩次還差點走了，不得不暫時辭職休息。在失業的期間，起初他還非常怨恨這位主管，不過隨著時間過去，心情沉澱下來之後，慢慢發現問題是出在自己的身上。

他說，自己忘記對方不是同事也不是兄弟，而是主管，需要的是他在公開場合表達尊敬，而不是勾肩搭背、一副哥倆好的樣子，那會讓對方感到尷尬與為難。他似乎在一夜之間清醒了，成熟了，後來又有其他老同事來挖角，他就知道這不是去幫別人忙，而是去為自己工作；對方是主管，不是死黨，因此他說：「幫忙，幫忙，可別幫倒忙才是。」

面對「我的」失敗，就不是失敗者

所以，換工作時重要的是自己，不是別人。

我們是有自由意志的，沒有人可以強迫我們做任何選擇。如果我們放棄選擇，那是自己怠惰，而不是別人欺騙我們。如果成年了都還這麼容易被騙與上當，那是我們願意，因為我們不想為自己的人生負責，只要出了錯就可以有藉口責怪別人，心中就了無罪惡感，輕鬆無比。

其實人是說謊的動物，嬰兒時期裝哭就是一個明顯的例子，差別只在於這個謊言是大或小而已。根據調查，當我們在跟一名陌生人說話時，短短十分鐘之內，我們平均就有三次沒說老實話；至於一名大學生跟父母說話，五次會有一次是在說謊。由此可見，說謊是很正常且普遍的事。比較可憐的是，我們對自己也常說謊，連自己都想欺騙，因為這樣做會讓我們自我感覺良好一些，日子好過一些。

你想想看，換到這份工作，難道對自己沒有一丁點好處嗎？當然有，因為人也是自私自利的動物，比如新工作的薪水高一些、能夠準時上下班、可以打混一點、有老同事「靠勢」，或是看來很有發展性、很有學習空間等；可是我們不會老實承認，反而愛說是幫別人忙，這讓我們在道德上更具優越感，不是嗎？

因此，好好面對自己吧。換工作時，每個人多多少少都有自由意志，因此當失敗時，就要勇於承擔，不要責怪別人！

一個人可以失敗許多次，但是只要還沒有開始責怪別人，他就還不是一個失敗者。

第 3 章

膽子大一點，改變性格，決定命運

一直在原地努力，一定很難被看見，必須移動到新的領域，才會被看見。
你以為薪水會隨著資歷而增加？不會的，薪水是看 CP 值來加，而不是資歷。
想要晉身高薪族，今天起，你就要改變想法、改變態度、改變你自己；在公司內拉出第二根斜槓，創造新亮點，給人新話題，你的價值就會被看見！

3-1 你是卡在房間裡的大象，還是靈活移動的小狗？

現在的上班族都有個概念：光有一技之長是不足夠的，必須有二技之長、三技之長，才能與時俱進，在職場存活下來。但是，這其實已經是上個世紀的觀念了，到了這個世紀，你必須是個多領域型人才，能適應多種不同職務。

英文有個成語「房間裡的大象」（Elephant in the room），用來隱喻某件事物雖然明顯，卻被集體視而不見。你想想看，我們不就是這隻大象嗎？一開始進到一家公司時，由於還是新人，大家對我們抱有期待，都猜想這頭大象既是龐然大物，應該是很厲害才對；不過隨著時間過去，我們逐漸被視而不見，不僅不再重要，心裡也很挫折、很委屈——明明很有能力也很努力，怎麼落得好像一無是處的下場？

實力固然重要，移動才是亮點

你知道問題出在哪裡嗎？不因為大象不再是大象，而是大象卡在房間裡了，轉不了身也走不出去，所以是「不動」讓大家忽視了大象的存在。相反的，這時候如果有隻小狗在房間裡跑來跑去，大家就會注意到牠，成為眾人的焦點。真要比實力，再有能力與努力的小狗都比不上大象，因此關鍵在於小狗「會動」。

好比在家裡，我們不會死盯著一個靠整片牆的衣櫃看，而是盯著手機或電視看，因為衣櫃「不動」，而手機電視「會動」。因此不要在原地更精進能力、更埋頭苦幹，而是要製造另一個亮點，做點不一樣的事。

偶爾移動一下，大家才會將目光轉移到你身上。

我的斜槓進階班裡，有個學員在外商當工程師，他說：「我上班很開心，也不認為自己會有中年危機。」問題是他已經四十三歲，在這家外商做十七年，是他的第二份工作，照理說，他應該屬於「被失業」的高危險群；就算安全存活下來，也會有很高的危機意識，擔心生涯朝不保夕；或是工作壓力山大，被業績追著跑，加班成為家常便飯……。

我很好奇他怎麼如此胸有成竹，他回答：「因為在公司內，我也做斜槓。」乍聽之下，會以為他在上班時間做自己的斜槓，其實不是，他說的正是我最近提倡的全新觀念：「公司內，更要做斜槓。」沒想到他居然早早落實十多年，是一個成功的典範，這就是他對生涯信心滿滿的關鍵。

台灣廠商要外銷到美加地區，產品都必須做安全認證，他們公司做的正是這一塊，看起來好像是鐵飯碗，卻也未必！如果工廠一直外移，總公司就不需要在台灣設址，因此唯有留住廠商在台灣，公司才會在，自己才會有工作。因為意識到這點很重要，工程師一般都很宅，他居然請纓到處上課，教大家產業的趨勢。

新價值，也可以由你自己創造

「台灣的廠商每天埋頭苦幹，經常是客戶的行業快要消失了，還不知道自己的訂單快沒了；或是已經出現第二個競爭者，卻還渾然不覺自己即將被取代……都是很危險的事。」

他在電路板的產業，一開始只在這個業內教課，後來連同下游也教，因為只有下游客戶能存活下來，電路板產業才會有訂單，所以他也跨足至ＬＥＤ行業講課。除了教課外，他主動幫助客戶解決問題，人脈連結廣，業內訊息靈通。當業務員要提案時，他可以教對方怎麼幫客戶做策略，比業務員還抓得住市場趨勢與生態。

講到這裡，他再度強調在公司內做斜槓的重要性，因為：「我為自己創造出獨特價值，是別人無法取代的。」

說巧不巧，同班有位學員也提出相同想法。這位學員在一家上市大企業任職業務，員工有數千人，但是他很有危機意識，評估預計三五年後可能被資遣，因此他來上我的斜槓進階班，想要提早布局下半場。他每天加班，又有家庭要照顧，時間很緊，但還是認為與其下班後做斜槓，還不如上班時做斜槓。

他發現，公司雖然規模大，老闆也一直在倡導要找符合公司文化的新人，卻很少在新人訓練上著力，使得有些新人明明具有公司的DNA，卻還是一一陣亡，令人惋惜。由於流動率高，留任的員工經常處於一人做兩人事的狀態，不少計畫無法順利推動。於是他自告奮勇，向公司提議，由他來負責業務方面的新人訓練。

訓練什麼呢？他說，一開始會教大家認識公司，然後發展出其他主題如業務銷售力等，每年熟稔一個，就可以累積到三五個擅長的主題。以後假使萬一被失業，也能夠無縫接軌擔任講師，到企業做內訓。我拍拍他的肩膀說，換作我是老闆，看到他除了做業務，還能幫公司解決問題，哪裡會請他走路！

「請你一個人，付一份薪水，卻有兩倍的價值，公司才捨不得放你走。」

動起來，努力就會被看見

這兩個例子，都在說明一個簡單的道理：當大象久了，再厲害也會被視而不見；唯有像小狗一樣，移動到另一個全新領域，為公司解決長期懸而未決的問題，公司才會依賴你，自己才會被看見。很多人常常抱怨公司沒看見自己的努力，其實這句怨言裡隱含三個未察覺的迷思：

- 一直在原地努力，一定很難被看見，必須要移動到新的領域，才會被看見。
- 努力不等於成果，苦勞不等於功勞，老闆只看結果不看過程，當然看不見。
- 被看見是自己的責任，不是老闆或主管的責任，所以自己要想辦法被看見。

我們買到好用的特價品時，都會手舞足蹈地驚呼：「買這個，CP值太高了！」結果超乎期待，所以滿意極了。一樣的，如果我們在原地不動，再有能力與努力，公司都認為是應該的；但是當我們多擁有一個領域的功能，多負責一個職務，多解決一兩個問題，他們就會有超乎期待的驚喜感，說：「用這個人，CP

值太高了！」

在公司內拉出第二根斜槓，創造新亮點，給人新話題，你的價值就會被看見！

3-2 天生屬於哪種個性，一輩子就別想改變了？

上斜槓進階課時，一開始我都會請學生上台自我介紹。

有一回，一位男性學生說，他有良好的學歷背景，上班沒多久就升到主管，但是後來組織發現他無法要求別人做事，總是一個人默默把工作全做了，便把他調離主管位子，再也沒回去過。

從傳統價值看來，這當然是一個創傷經驗。他會特別提起來，顯然也是在意的，而向一群素昧平生、未來在工作與生活不會有交集的同學談起這件事，也讓他感到相對安全。我看得出他是一個肚子有貨、性情溫和的人，感受得到他的滿腹委屈，並相信他在職場上應該要讓人看到不同的價值才是。

後來第一堂課做自我定位時，我讓學生做測評，再幫他們判讀。一看這位學生的測評報告，馬上明白是怎麼一回事，心裡唸了一句：「難怪……」

不了解自己，就會失去亮點

這位同學研究型是九，企業型是一，落差極大。他適合做研究、學問，比如讓他做產品發明或做市場研究，他在這方面的天賦太突出了，絕對是一個最好的人才！相反的，讓他去帶部門、做主管，要求屬下做這做那，不僅是弱點，做不來這種事，也痛苦萬分，有違本性。

我問他：「你不喜歡勉強別人，對不對？」

他馬上就說：「是啊！」眼睛閃過一絲亮光，應該是一種終於找到知音、深獲我心的悸動吧！

接著我說：「可是你很擅長研究，對不對？」

他又一句：「是啊！」點頭如搗蒜，這次眼睛放亮的程度是LED等級。

我明白他接下來想問的是他該怎麼辦，所以，我以一種逼視他的方式，好似要看進他的靈魂深處，再用百分之百的決斷力篤定地跟他說：「找研究案來做！」

他居然興奮到像個孩子般地說：「我可以發明新東西，能夠申請專利，保證是市場需要的。」

兩天課程結束後，他來跟我表示感謝之意，說我讓他認識自己，也接納自己，重新找出一條喜歡也能走得好的路，而這個天賦想必會讓組織看到他的價值，肯定他，重用他。

也許信心被喚起，他態度堅定地告訴我：「從今天起，我還要改變個性。」

這就對了！

改變心態，人生大不同

我們常聽到很多人說「我本性是……」、「我就是……的人」，或是「我天生不會做……的事，這輩子也就別妄想學會這件事」；這樣的心態，完全曲解認識自己、接納自己的真義。想想看，如果在出生那一剎那就決定所有事，包括個性、智力、能力等，那麼現代人平均要活到一〇〇歲，難道這一〇〇年都不必學習、成長、進步，豈不是白活一〇〇年？

史丹佛大學心理學教授卡蘿・杜維克（Carol S. Dweck）說，每個人都有兩種心態（mindset），在不同領域會使用不同心態：

- **固定心態：**相信自己天生屬於哪種類型的人，後天無法有多大改變。
- **成長心態：**相信自己不論天生屬於哪種類型，總是能夠明顯改變。

杜維克寫了一本書，在美國一出版，就被比爾・蓋茲遴選為年度唯一推薦的成功心理學書籍，台灣版書名《心態致勝》。她說：「基因影響我們的聰明才智與天賦，但是影響一個人成功與否的特質，卻並非在出生時就固定。心態，才是影響個人學習、成長、人際關係、終身成就、人生道路的最重要關鍵。」

以上面這名我的學生為例，他的企業型一分，成長空間很大，提高到兩分、三分或四分都不是難事，進步卻是高達兩倍、三倍與四倍，組織便看得見他有顯著的改變，對他的印象將隨之改觀。至於他要怎麼進步？首先我認為他要「站在巨人的肩膀上」才會快速進步、大幅進步。

這個巨人是誰？指的就是——他自己的天賦！

過去為什麼他的企業型萎縮到只剩下一分？因為他做的不是極有天賦的研究領域。想想看，若是讓他來帶領研發團隊，在擅長的舞台上，他的領導力便會自然散發。我常對學生說，找到自己的天賦，站對舞台，聚光燈才會打在頭上，發光發熱。

假使做的不是天賦，無法自帶光圈，別人自然看不到亮點。

兩分鐘姿勢，決定你是誰

其次，我推薦「姿勢決定你是誰」這個觀念。艾美・柯蒂（Amy Cuddy）大學時發生車禍受傷，智力嚴重受損，醫生估計她無法讀完大學。但是，後來她不僅順利畢業，還成為哈佛教授，是研究權力的頂尖心理學家。她從研究中發現，人的非語言動作，不僅對別人也能對自己的態度與心理，產生強大的影響，她說：

> 透過某些行為、動作，竟可傳達力量，刺激分泌帶來力量的賀爾蒙，使你在高壓狀態下，穩定表現，展現信心十足的最佳狀態！

比如在等候面試時，兩種姿勢選擇就會對面試帶來不同的影響：

- **身體變小的姿勢：**一般人多半是彎腰駝背坐著翻看資料或滑手機，這種姿勢會讓自己「變小」，影響到等一下步入會場時的氣勢。

・**身體變大的姿勢：**到洗手間做兩分鐘的「變大」動作，比如兩手上舉並張開，呈現 V 字型的勝利姿勢，就可以增加睪固酮分泌，有助於展現權力，同時提高腎上腺皮質醇，減少壓力。兩分鐘之後踏入面試會場時，氣場就會不知不覺倍增，面試表現自然提高。

姿勢能夠讓人「裝得很像」，英文說："Fake it to make it." 也就是假裝自己會讓事情成功，但是有道德潔癖的人聽不進這句話，認為假裝就是騙人、勝之不武，於是柯蒂改成 "Fake it to become it." 當我們自認為某些事情天生不擅長、缺少信心，甚至覺得自己是個冒牌貨時，不妨先假裝一下，接著就會神奇地出現我們常說的現象：

裝久了就像。

柯蒂再三強調，兩分鐘就足以從姿勢改變內心，最終改變生命的結果。因此，對於想要改變自己，卻又受困於「我天生就這樣」的人，如果想追尋理想中的自己，需要的便是以下三種全新的思維：

- **成長心態**：你得相信自己有進步的力量，從固定心態轉變為成長心態。
- **天賦自由**：你得做有天賦的事，帶領你找到亮點，以及改變的起點。
- **姿勢決定論**：你得一開始就假裝，直到你變成那個人為止。

3-3 與其發現自我，不如創造自我

你是不是有「我的個性就是這樣」、「我天生就是如此」的口頭禪？言下之意，就是人的個性是改不了的，別折騰了。但是一直以來，我就不認同這個想法，因為假使一生下來如此，一輩子就是如此，到死了那一天還是如此，不就是說這一生白活了，毫無長進嗎？所以我一直堅信，個性是可以改變的。

下班後的第二種身分

有天早晨我打電話給獨居的父親，他問我今年幾歲，聽到答案之後，沉吟了一會兒，可能是很意外吧，沒想到他的女兒也到了這麼大的年歲……；但是他們那一代的人講話比較婉轉，反過來用關心的話提醒我：「這個年紀要注意退化的問題。」

我想這是他近九十歲人的心理投射，所以我提高聲調回答他：「喔，不會，我從來不想『退化』的問題，我想的都是怎麼『進化』。」

父親被逗笑了，不過這可是我的心聲。因為人生這麼長，如果是來退化的，那麼當初何必投胎做人？人生就是來進化，才需要各種學習、各種挑戰、各種突破，即使身體也是，得想辦法進化才能維持健康，這就是我們要天天運動的原因。

也就是這樣的理念，當我在教上班族做斜槓時，第一件事就是教他們——cosplay 出下班後的第二種身分！

換句話說，就是創造上班族以外的「第二個我」。

企業人資在衡量一個人能不能適用時，有三個關鍵的考量，所以求職者要找到合適的工作，也要考慮這三個面向：興趣，技能，性格。

我也是這麼用來教導學生找到自己的斜槓項目。這三個重疊的地方，便是人資界說的「職涯的甜蜜點」，不論是求職或斜槓都是一樣的道理。可是講到性格時，我都會再三強調：

每個人都能夠有「多個我」，不會只有「一個我」。

這是因為，上班族的天生我多半不具有創業者的人格特質，性格比較保守，不願意冒險或勇於任事，偏向於聽令行事、消極被動，這就不利於做斜槓。斜槓是一個人的微創業，必須具備小小老闆的思維與心態，如果卡在天生的我，就沒法邁出第一步。唯有打破這個固有的我，創造全新的我，才能把斜槓做出名堂。

從十年一變到三年一變

拿我自己來說，當了三十年上班族，骨子裡是個「偏安」的人，喜歡待在舒適區裡不動，所以每份工作平均做十年。可是等到我離開組織，一個人打天下，不要說市場的瞬息萬變，再也無法讓我像個植物人般一動也不動，時代的巨輪也會自動把我推向前。現在的我，已改成三年一動，十年裡會有三個我被創造出來：

- 第一個三年，我是個斜槓教練。
- 第二個三年，我在教斜槓之餘也扮演職涯導師，教導上班族邁向高薪職涯，而且自己架設網站「第二曲線學院」賣自己的課程，成了名副其實的創業者。
- 至於第三個三年，會是哪個「我」冒出來？眼下我不知道，到時再說。

在三年一變的過程中，我不但感受到自己的成長，而且和三年前的我判若兩人。比如過去我不擅表達，經常會隱忍不說，受到委屈；現在我會說出來，使用更有技巧的方式表達，像是挑對的時間、說對的話，或是幽默一點，通常能夠得到想要的結果，心裡便會感到平衡，覺得自己是有能力主導方向的人。

我也在自己和很多人身上發現，人不會只有一個我，而是多個我同時存在；隨著時間遞移，這些我會不斷演化、迭代演化，推出升級版。可是，我看到的心理學家都說，個性是穩定的、一致的，比較不會變動，而且最終有可能影響到一生的走向與命運。這時候，我就會對自己的觀察有些搖擺起來。

直到讀了《個性》這本書，才知道我是對的。這是德國作家克莉絲蒂娜・伯恩特（Christina Berndt）在《韌性》與《滿足》二書之後的新作，她是記者出身，做專題報導，曾得過調查獎，也獲選為年度三大科普寫作記者。在這本書裡，她從最早的心理學理論一直談到最新的各種科學研究，指出三個事實：

一、自我並非固定；

二、個性會隨著成長而改變；

三、每個人都有機會重新塑造自己，而且行動越大，改變越大。

哇，這三個發現簡直可以用真知灼見來形容，完全顛覆我們對「自我」與「個性」既有的認知，而且發現命運就掌握在自己的手上！其中我最喜歡的是在書籍封面上的這三句話，直接寫出我們該做的三件事：

- 與其發現自我，不如創造自我。
- 不只成為自己，更要超越自己。
- 人無法用相同的自己，得到不同的未來。願意改變，才能成就「最好的我」。

這輩子你都能夠不斷演出不同的我

佛洛伊德的一個重要理論指出，童年對一個人具有決定性的終身影響，但《個性》這本書裡卻舉出證據，後來一些研究都發現並非如此，只能說有影響但是沒那麼大，而且也不是不能改變。

這真的是一個好消息！這幾年很多暢銷書都在談童年的傷痛，突然之間，好像天下盡是「不是的父母」，人人都可以把自己後來過得不好全推給成長過程。但是人格心理學家茱莉．史派西特說：

對於一個五十歲的人來說，過去兩年發生的事，比起幾十年前小時候的事，對於性格更具影響。

這麼看來，童年悲慘不必然一生都慘，反而是現在過得好，未來比較能過得好。尤其是負面的事會發揮「時近效應」，時間越近越深刻；至於快樂的記憶，則常出現在年輕階段。

所以，不管你出生的那一刻是個什麼樣的我，這輩子你都能夠不斷演出不同的我，而選擇退化版的我或是進化版的我，主導權全握在自己的手裡！與其不斷探索，去尋找一個不復存在的自我，還不如創造一個滿意的自我。

3-4 小心，年齡只和高薪的人做朋友！

有個年輕人來找我，想聽聽我的意見。他畢業兩年多，剛進公司一年，最近新冠疫情讓公司營運吃緊，聽說有裁員的打算，問我要不要開始找工作。

我二話不說就是「要」。他看我回答得這麼斬釘截鐵，反而不服氣了，好像第一個要砍的就應該是他，「這沒道理呀！」因為在他看來，公司裡他最基層、薪水最低，若是要動刀——

「照理說，也應該是領高薪的人！」

老闆想的和你不一樣

一般人總認為，會被裁員的都是高薪的人，因為最常聽說某某總經理走人了、某某總監被鬥垮了……，比較少聽說哪個小職員被失業，顯然公司總是先動高薪階級，高處不勝寒嘛；而且動他們，人事成本可以大幅降低，公司省最大。至於低薪的人反而安全，他們是做事的人，裁了也省不了錢。

事實是，所有的統計都顯示，新冠疫情期間，年紀越輕、薪水越低的人是海嘯第一排！和我們的常理推斷恰恰相反。

怪了，難道老闆不想省錢嗎？這是典型的員工思維，以為老闆不論開公司或開店，第一要務就是省錢。當然錯了，如果老闆想省錢，不開公司省最大，何必創業？所以老闆開公司的目的是賺錢，不是省錢。因此，動刀砍的自然不是高薪的人，而是——

會讓老闆虧錢的人！

什麼人會讓老闆虧錢？先來看怎麼樣會虧錢，不就是買高賣低嗎？因此那些價格高於價值、「CP值」低的人才會被列入黑名單。買東西時，你雖然也考量價格，但是更在意「CP值」！結果是未必買最便宜的，反而有可能買最貴的。公司用人也是相同道理，不見得請最低薪的，也不見得留下最低薪的，而是聘請、留用——

會幫公司賺錢的人！

所以，公司請走的都是判定「CP值低的人」，並不是大家所想的高薪的人。

那麼，新冠疫情期間為什麼低薪的年輕人首當其衝？因為公司知道，這種時刻需要的是這種人：即戰力強，一人可抵三人用；至於年輕人，如果還要訓練才能上手，就會被摒除在外。不過，這時候公司確實也有可能會砍掉一兩個高薪高階，但圖的不是省錢，而是另有考量——

發揮殺雞儆猴之效！

「CP值」的C指的是Cost，成本，一般人會以為只是在說薪資；至於P，指的則是Performance，表現，亦即貢獻值，一般人會以為只是在說產值。但其實薪資並不是這麼一比一的，背後操縱的還有不少黑手。像是有些在公司任職很久的人，遇到問題時大家也都很自然地喊他來幫忙，因為他最熟悉，卻是薪水通常不高，因為——

這類庶務型的人才滿街都是，取代性高，換個年輕的訓練一陣子也行。

這個現象說明敘薪的一個考量：取代性高的人，就算能力強、態度好，薪水也很難拉高。最讓人心酸的是，這種人工作越久反而越危險，容易被資遣，中年之後又求職不易，因為大家都想用年輕的、便宜的。這也是我想告訴大家的另一個反常識的事實：一般人以為高薪族群的職涯最危險，其實最危險的反而是——

低薪族群！

凡有的，還要加給他

很多人都知道薪資走向M型化，中間薪資陷落，這個價格帶的人變少；如果再不思進取或適度轉型，原本中薪階層的移動方向就不是邁向高薪，而是落入低薪。所以每年政府公布薪資統計時，你會看到平均薪資逐年提高，但是中位數和它的比值越差越多，表示後段班五〇%的人薪水更落後、低薪人口日益增加。

對此，低薪的人在年輕時可能無感，因為還找得到工作，中年之後就超有感！公司越換越小、工作越換越差，然後正職變兼職、兼職變時薪、時薪變失業。這個向下流動的現象，早在統計數字上明白顯示。低薪的人不是當顏回安貧樂道就好，而是會出現美國社會學家羅伯特·莫頓（Robert K. Merton）提出的「馬太效應」，也是聖經說的：

凡有的，還要加給他，叫他有餘；沒有的，連他所有的也要奪過來。

所以，無論如何你一定要搶進高薪族群，因為高薪代表的意義不只是領更多錢而已，也是職涯安全的掛保證，它擁有以下三個好處，同時也是違反一般人常識的三個事實：

事實 1：高薪者的職涯才會安全

事實 2：高薪者的薪水才會成長

事實 3：高薪者對未來才有選擇

換句話說，低薪的人隨著年紀增加，日子會更加難過，高薪的人卻是越過越好。所以如果你領的是低薪，千萬不要掉以輕心，以為薪水會隨著資歷而增加，不會的！薪水是看 CP 值來加，而不是資歷。年紀只和高薪的人做朋友，不是低薪的人。

怎麼判斷自己是低薪或高薪？不妨上網查看一〇四的薪資報告，但是要再嚴格一點，因為頂尖高薪者不在人力銀行求職。如果要抓個大概，我們以三十五歲做分水嶺，若是低於每月五萬元，請提高警覺；年薪高於一〇〇萬元，算是碰觸到高薪蛋白圈焦黑處；其他算是中間薪資。問題是：月薪低於五萬元的人，目前在台灣已超過六成，逼近七成。

更聰明，更努力，更堅持

能不能命運翻盤？雖然網路上有不少人批評我說三十五歲必須提高警覺是危言聳聽，但是我仍然要說，根據統計數字，最好抓緊三十五歲這個年齡，翻身到高薪族群。三十五歲之後不是不可為，而是困難度變高。重要的是有什麼方法？有！我提出三個解方：

- 聰明一點，選擇產值大且成長性的產業。
- 努力一點，從後段班企業跳到前段班企業。
- 堅持一點，讓職涯不長期中斷，持續發展。

講這麼多，最主要是給你加油打氣，請相信這三件事：高薪比低薪對你好，領高薪不是天注定，你有辦法領到高薪。

至於網路鄉民說：「薪水低不重要，人生過得好才重要。」我只想說，最好都活長一點，就知道人生過得好要不要花錢。

3-5 想加薪？就別再當認真勤奮的「工具人」

有個年輕人來問我，怎麼跟老闆爭取加薪？我就問他：「想要爭取多少？」他比了一個1，我以為一千元，心想這有什麼好來問我的？結果他搖搖頭說，不是一千元，而是一萬元。就加薪來說，以萬起跳不是小數目，所以我問他原來薪水多少。

「四萬。」

「一次加二十五％，很敢要喔！」

工作認真，不見得會被加薪

二十五％的加薪幅度不是不可能，而是只有特例才有機會，但是在他來找我的幾個月前，我就已經被嚇過一次了！某人力銀行做調查，問大家轉職時，期待比原來工作增加多少薪資，答案是平均八千多元，所以，這位年輕人提加薪一萬元也算是在「合理期待範圍」。即使如此，我仍然忍不住問他一萬元怎麼算出來的。

他說：「因為我工作很認真，經常加班，公司也賺錢，我的貢獻應該不少。」

話是沒錯！公司賺錢，回饋員工是應該的，但是現在公司都不太願意在薪資上調漲，害怕固定住以後，不論盈虧都必須付這個金額，因此大半都改給獎金或分紅，做彈性調整。員工卻都不喜歡這個給法，因為不穩定，公司隨便一個理由就能夠少給或不給，毫無保障可言。

不過，我更想提醒大家的是，公司能夠賺錢，在老闆腦子裡，厥功甚偉的是他自己，不見得是員工。因此想要爭取加薪二十五%，高達一萬元，只靠工作認真、經常加班並不夠，非要戰功彪炳不可！而且殘酷的事實恐怕還得再添一個——即使論功行賞，也不見得排到基層員工。

加薪公式：1＋2＝1.5

一般來說，基層員工能夠加薪幾千元，公司已經極為肯定員工的付出，表示過去做得優異，而且未來表現也被看好。

然而我也曾經見過幾個案例，即使沒有彪炳戰功，也可以加薪五〇%以上

（二十五％的兩倍喔）。他們不約而同都走同一模式，我姑且稱它為「1＋2＝1.5」。在台灣經濟起飛、外商林立的年代，外商普遍有一個做法：雇用一個人做三人份工作，付兩倍薪水，我稱為「1＋3＝2」。而「1＋2＝1.5」算是新近發展出來的台式縮水版：一個人做兩份事，付1.5倍薪水。

我有個朋友是自由業者，專接雜誌的國內外旅遊專題，一開始她負責採訪與寫稿，另外有一位攝影跟著。這位攝影通常是男性，兩人必須分住兩個房間，差旅費龐大，雜誌社大感吃不消。

客戶的痛點代表的是什麼？就是商機！於是她學習攝影，下了不少苦功，投資價昂的器材。一切都值得，雜誌社只要外包給她一個人，足以搞定文字與照片，再加上交通費少一人、住房少一間，省下不少支出，雜誌社自然樂意把案子外包給她。下一步，她把專案費提高五〇％，雜誌社還是省很大！

「我多一項專長，等於幫客戶省下一倍的錢，分五〇％給我，他們還賺到五〇％，當然付得爽快！」

「多功人」比「工具人」又高一級

我開課教大家做斜槓，建立個人的商業與變現模式，合作的開課公司團隊人人十八般武藝，一人多功，各個全才，令人驚豔！比如幫我做直播、充當小編的艾瑞克，真正身分是影片製作人，遇到用英文留言的粉絲，他也能用英文回覆。而且直播前做文案宣傳，直播後剪輯成精華短片，全部一手包辦。

閒聊時，我問他喜歡在這裡工作嗎？他說喜歡，原因有兩個，第一，薪水讓他滿意；第二，工作的內容、累積的經驗符合他未來的職涯目標。

艾瑞克的前一份工作是在大媒體，負責數位科技領域，薪水已經比同業高，現在更高，難怪他滿意！不過在我看來，公司雇用他是賺到！因為他還擔任主持人，在影片裡訪問其他講師。這種人放到就業市場，屬於稀缺性人才，大家搶著要，用他一人等於請三個人，公司怎麼算都划得來啊！

所以，想要加薪就勢必要做出改變，而你有兩條路可走：幫公司多賺錢，或是幫公司省錢。重要的是，這個錢必須顯而易見，是公司馬上就算得出來的一筆帳。

如果模糊不清，「多功人」會變成「工具人」，做到流汗，還讓人嫌到流涎，更不必說獲得加薪。

「工具人」通常都認真勤奮，態度又好，配合度也高，可是只會被壓榨血汗，全公司從上到下都占盡他的便宜，不想做的鳥事都丟給他，卻沒有打算重用他，到最後加薪與升遷都沒有他的份，好人沒有好報，最委屈當屬這種人。

我見過一個工具人，不時被主管喊去做這做那，全和他的專業無關，比如跑銀行等。有一次被主管叫去買咖啡，撞見老闆，被老闆臭罵一頓，說他不上班打混，覺得很不值，辭呈一丟就走人。可是欺負他的人一個也沒被罵，飯碗也沒丟，你說冤不冤？當然冤！

老闆只願意加這種人薪水

「多功人」不一樣！誰敢喊他去做這做那？誰敢將鳥事丟給他？都不敢！大家對「多功人」的態度都很敬重，為什麼？因為他做的是專業領域，不是雜事或庶務，而且他做的事和公司目標直接產生關聯性，幫公司賺錢或省錢。這樣的人才去跟公司爭取加薪，老闆就會考慮買帳，喊價也能夠拉高。

每個老闆的腦袋裡都有個算盤，對於以下這三種人，他的算法是這樣的：

一、**認真工作的員工**——老闆認為，工作認真是應該的，因為他有付薪水；如果不認真，他就會選擇不用。

二、**工具人**——老闆認為，這種人有奴性，缺少獨立思考，不夠勇敢也沒有衝勁，隨手抓一大把，不想幹換一個就是了。

三、**多功人**——老闆認為，用一個多功人抵兩個普通人，幫公司省一份薪水，所以一定要好生伺候他們，屬於務必留住的人才。

你是哪一種人，關乎你爭取加薪是否會成功。

3-6 人人都有一顆玻璃心，誰也不想被情緒勒索

有一次與一位心理諮商師有事見面，談完之後，他送我到門口的當下又坐了下來，跟我吐了一肚子的苦水，談的都是他的年輕員工們。即使他的主業是傾聽個案的心情，所有的理論爛熟在肚裡，他還是想不通這件事——

「為什麼現在的年輕人這麼玻璃心？」

根據我在職場三十多年的經驗看來，不論什麼時代，只要是年輕人，很少不是玻璃心，並沒有於今猶烈的現象。但是，現在的年輕人在受傷之後，比較不會選擇壓抑悲傷或憤怒的情緒，而是勇敢表現出來，方式不僅強烈，有的還頗具「新意」，令人傻眼！

挨了罵，就搞冷戰

有一名年輕人做事粗心，事前不確認，事後不檢查，每天大小錯不斷，弄得主

管整天緊張兮兮，跟在屁股後面收拾爛攤子，就怕哪裡沒注意到，釀成大禍。但是主管畢竟是人，忍耐也是有限度的，有一天主管終於情緒大暴走，脫口罵出：「你是豬嗎？」

當然，這句話糟糕透頂，而且違法。年輕人自尊心大損，可是他沒有馬上衝到廁所大哭，也沒有當著主管的面淚眼婆娑，而是默不作聲，轉身走開，把主管的咆哮拋在腦後，當作背景音，理也不理。可以想見，主管一定是抓狂到極點，問題是自己先講錯話了，又能怎樣？

整個事件似乎就此草草落幕，但其實沒有完結，還有精彩續集在後面等著。從此以後，不論主管說什麼，年輕人就是不應不答，主管終於再度被激怒，問他：「為什麼我說話，你都不回答？」

你猜怎麼著？

年輕人依然不言不語，不過總算有反應，只見他拿起一張紙，畫上豬臉，寫了一行字：「豬，不會說話。」

看到這裡，你或許笑翻過去，但我不是在講笑話，而是在講一個社會趨勢：年輕人都是玻璃心，這一點沒有時代的差別，不同的是現在的人會表現出來，不想壓抑或遮掩，理由是——情緒沒有錯。

錯的不是情緒，而是場合

從前，一個有企圖心的年輕人會認為，必須在職場上自我要求，表現出專業和理性，給人成熟與穩重的觀感，不可流露真情，更何況，展示脆弱的一面是令人羞恥的行為。現在不一樣了，年輕人會讀《被討厭的勇氣》、《情緒勒索》、《脆弱的力量》這些書，被輸入一個全新思維——表現出軟弱並不丟臉，就算哭給你看也沒關係。

所以，比起過去，現在的年輕人一旦玻璃心就容易陷入失控，出現以下行為舉止：工作表現變差、對其他同事不理不睬、給主管臉色看……。

這位心理諮商師老闆說話輕柔、EQ高，看到員工有一絲不對勁就會主動去安慰，尚且被氣到無言以對。他還因此自我調侃，他做心理諮商，一半要做個案，另一半要做員工。

「員工心累了，做老闆的更累。」

他特別強調，對員工噓寒問暖是他的教養，不是他的義務，這不屬於他的工作範圍，沒有人可以苛責他不盡職。想想看，即使專業如他都有這樣的心力交瘁，可以想見其他老闆更沒有時間、耐性去面對員工的玻璃心。他說，每個人的內在都住了一個小孩，容易受傷，有一顆玻璃心，然而這是職場，不是家裡；他是老闆，不是父母。「年輕人都不想被情緒勒索，我也不想！」

玻璃心碎掉之前，可以做三件事

從老闆的立場來看，情緒屬於私領域，老闆既管不著，也不想管，但是絕對不能妨礙到工作，侵犯到公領域。哪有工作不委屈？自尊心受傷，本來就是工作的一部分。捧好易碎的玻璃心，不被情緒控制，再反過來駕馭情緒，是心理素質的最低要求門檻。

假使玻璃心碎了，一次兩次還可以包容，若是動不動就上演，不僅影響到個人的專業形象，也會破壞人際關係、並在主管或老闆心中留下不良印象，甚至可能為此被迫離職，失去一個好工作。

我在業務部做過十年，非常佩服業務員，他們的工作有時真不是人做的，出去被客戶罵效果差，回來被老闆K沒拿到業績，跨部門再被指著鼻子說「給大家找麻煩」，可是奇怪得很，他們個個看起來比我開心多了，於是請教一位業務主管。一問之下，果然是有方法的，也推薦給你試試看。

一、眼前目標：讓對方消氣

業務員都明白一個道理——心情對了，事情就對了！當對方在生氣責罵時，第一個標準動作是先道歉再說，並且告訴對方你明白哪裡出錯，讓對方的心情獲得認同，比如「我認同你說的，這件事的確有疏失，讓你生氣」。

二、下一個目標：讓對方相信你會改善

光是道歉沒有用，一定要針對對方抱怨的那個痛點，告訴對方有什麼解決方案，足以有所改善，不會重蹈覆轍，以安對方的心。

三、最終目標：讓對方給資源

做到上面兩點，對方就會逐漸冷靜下來，有的看在業務員誠意十足的面子上，還會感到不好意思；這時候，厲害的業務員就可以「趁虛而入」，進一步要求資源，一方面不被白罵了，可以解決問題，另一方面也讓對方有台階可下。

切換頻道，從自己轉移到對方

這個戰略，叫做「轉移焦點」。一般人在被責罵時，只會聚焦在自己那顆玻璃心，覺得好委屈，腦子想的是怎麼辯駁對方，證明自己是對的。如此一來，雙方就會產生對立，還不如轉個念頭，把焦點位移到對方身上，幫對方消氣、幫對方安心、讓對方有台階可下。

有顆易碎玻璃心的人，多半是自尊心高、自信心低，而且工作認真、性格好強、追求完美，這種人容易把焦點放在自己身上。因此在被責罵時，記得切換頻道，縮小自我，放大對方，在意對方的玻璃心，而不是自己的玻璃心。

3-7 老闆不是你的愛人，寫信給他沒有用

在生活裡，很多夫妻靠寫信維繫美好的婚姻；但是在職場中，寫信通常只會得到一個結果，已讀不回，石沉大海。所以在職場的溝通上，口頭會比文字來得積極有效，尤其是性格內向、怯懦、不善表達的人，更是必須對此有所警覺。

有一次開同學會，結束時玲玉跳出來，表示今天這一攤由她埋單，我們紛紛說「不好吧！」這時候另一位同學跳出來解圍，說玲玉付得起，因為她們夫妻倆光繳所得稅，一年就是三百萬元，聽得在座每個人下巴都掉下來，心想我們連所得都不到三百萬啊！當然，大家就不再客氣，直接把帳單交給玲玉。

夫妻之間，寫的信叫「情書」

幾次同學會下來，言談之間，可以感受到玲玉婚姻幸福。先生長年派駐在國外，並經常到各國出差，玲玉不時要飛去相伴，可見得先生不僅愛她，也依賴她，三十

年如一日。玲玉的先生位高權重又錢多多，想必身邊不乏美色誘惑，我好奇地問玲玉怎麼維持婚姻，她說：「靠寫信啊！」

玲玉說，夫妻難免意見不同，如果被一時的情緒給控制住，衝動出口的話一定會傷到對方，這時候她會回到房間，寫一封信給先生。在書寫的過程中，起伏的心情逐漸撫平，混亂的思緒梳理得有條有理，措詞就會變得客觀且溫暖。當對方接到信時，讀到的是關愛與支持，而不是抱怨與批評。

「讀信，是婚姻當中，非常美麗的一刻。」玲玉說。

鴻海董事長郭台銘夫妻也是一樣的相處之道，兩人相差二十四歲，一定會有磨擦。遇到意見不同時，曾馨瑩都會寫信，放在卷宗裡，送進郭台銘的書房。有趣的是，郭台銘照樣用紅筆批註，圈出不同意的地方，寫下自己的想法，再送回去給曾馨瑩。

可是，這樣的「閨房之樂」轉移到職場就會窒礙難行。

寫信給老闆，只是證明自己沒膽子

最近讀者寄來一封信，想向老闆爭取調職，請我給些意見。密密麻麻一千五百字，足足兩頁，重點根本不在於內容寫得好或壞，而是我懷疑老闆會耐住性子把信看完，於是問他：「為什麼不用說的，要用寫的？」

讀者解釋，去年跟老闆提過，被打回票，他猜想可能是自己不善表達，說得零零落落，老闆沒聽懂，這次就決定改變做法，「用寫的，比較能夠把意思說得詳細完整。」

這是個性內向的人在被拒絕之後，一個最常「想當然耳」的理解，以為是自己說話內容出了問題，其實錯了，主要還是源自於無法掌握說話技巧，以及心理因素，像是信心薄弱、氣場不足。老闆只要露出一點不耐煩的神色，揮揮手，就會像洩了氣的皮球，攤在地上，接著便會自動退縮，大氣再也不敢吭一聲，最後不了了之。不要說調職，很多人在爭取調薪或升遷時，十個有八個的下場都是如此，一下子就被打發走人，落得灰心沮喪，不少人後來會選擇離職他去。

心理學的研究指出，人的行為會遵守「趨避原則」，趨吉避凶以求生存，內向的人用說的不行，就會用寫的。可是用膝蓋想想不難知道，當面說話都會被拒絕，用寫的只會更慘！老闆來個已讀不回、相應不理，員工又能怎樣？

內向的人通常都很難怎樣，只會回家躺到床上時輾轉難眠，腦子裡千迴百轉，瞎猜個不停：老闆看到信了嗎？沒回是有什麼意見嗎？想破頭也沒用，因為老闆不會說明，而一般人也沒膽子走到老闆面前，問個一清二楚。結果呢？

又是不了了之。

內向的人，都有三個溝通障礙

這位讀者是一名研發主管，公司不大，薪水不多，他很憂心兩個孩子沒錢好好栽培，想調職到業務部多賺點錢。他以為老闆之所以不放人，是擔心研發部門沒人帶領，於是非常盡責地在兩張紙上滿滿寫著如何安排四名屬下的工作。

這的確是問題之一，不過還有另一個問題：老闆也擔心他做不了業務。他並沒有提出衝刺業務的具體辦法，未曾證明自己夠資格擔任業務一職，這會讓老闆憂心兩頭落空——研發部門沒人帶，而業務也做不起來，造成雙重損失。

研發是技術人才，性格通常比較內向，不擅長交際，無法易位思考去了解別人的需求，只管自己怎麼想，不太管別人的角度。因此切不進對方的痛點，自然打動不了人心，也不具說服力，結果經常吃閉門羹。

總結來看，內向的人在表達上有以下不足之處：

一、難以易位思考，不了解別人的需求。

二、不具信心，態度上不夠堅定，容易被打回票。

三、重面子不重裡子，害怕口頭溝通會被拒絕，就用文字溝通。

解決辦法只有兩個：第一，徹頭徹尾就不應該寫信；第二，不再迴避口頭表達力弱這個缺點，反而應該在此下足功夫，加強說話的技巧，增加練習機會，提高溝通的成功率，進而強化這方面的自信心，形成良性循環。

爭取時，不求一次到位

所以，內向的人要學習的是說話，而不是寫作；坊間有很多教人說話的書籍與課程，只要有心，都能夠改善表達的能力。但是，最重要的仍是必須充滿自覺，逆著本性，反向操作，做到以下兩點：

一、能用說的，就不要用寫的。

二、能走到對方面前說清楚，就不要只是打電話說一聲。

你知道嗎？老闆和主管以聽覺型居多，喜歡用耳朵聽，不喜歡用眼睛看，尤其是討厭看到一堆文字，所以不論要爭取升遷、加薪或調職，不要寫信，而是口頭溝通。爭取這件事，從來就不會一次到位，失敗是正常的，只要多來幾次就有可能突破重圍，重要的是信心要足、臉皮要厚、不要害怕被打槍，最後就一定會成功。

3-8 用辭職掛保證？不是有擔當，是犯傻！

在職場上，有一種人看起來很帥氣，一個不高興就負氣離職；還有一種人很有骨氣，經常把「做不好就辭職不幹」掛在嘴上。這兩種人都自我感覺良好，看不起別人，認為別人奴性，只有他們敢嗆老闆、敢拍桌子辭工作，這才叫做活得自在！事實上，在別人看來，他們只剩下一個「傻」字。

工作是飯碗，什麼天大地大的事值得你輕易摔破它？再怎樣賭氣，也不必把工作賭上，可是讀者黃經理最近就幹了這麼一件傻事。

只有傻子才會賭上自己的工作

黃經理已經連續兩季未達成目標，開會檢討時，他拍胸脯保證這一季一定達標，可是老闆不信，問他哪裡來的把握？黃經理不知道怎麼回答，只是重複說他就是有把握！

老闆依然不信，再問他：「如果還是衰退呢？」黃經理只得硬著頭皮把後路給堵死，展現背水一戰的無比決心，他說：「那我就寫離職單，無話可說。」帥吧？可是就算說到這個點上，老闆滿意嗎？一點也不！再追加一句：「你這個回答，就是心虛。」離開會議室後，黃經理沮喪到極點，想不通老闆是什麼意思，難道要逼他講自己沒有把握嗎？

於是黃經理來我的 Line 留言說，根據他多年帶業務的經驗，就算明知眼前是一場艱苦的仗，出發之前，還是要鼓舞士氣，跟大家信誓旦旦，一定打贏。他認為，這麼說不是心虛，而是無論現實有多困難，都必須斬釘截鐵說會做到。

但在我看來，不論黃經理怎麼回答，老闆都不會採信；唯有達成目標，再度取信於老闆，老闆才會自動閉上嘴，所以他這一季只能忍辱負重撐下去。至於「做不到就辭職是應有的工作態度」，這個說法我更不認同，因為職場上的工作態度只有一個，就是拿出績效！拿不出績效，工作態度再好都是假的。這麼說很殘酷，但是哪個老闆不是這麼想？

一口氣犯了三個職場大忌

很多人新聞看多了，不論是有些官員因為天災人禍而引咎辭職，還是像幾年前選市長時，幾位候選人為了展示決心，誓言不論選不選上都不會再回去當立委，讓很多上班族以為這是表示負責，辭職可以證明自己是有擔當的人，竟也跟著學，其實是傻人做傻事。政治人物的退路多著呢，不從政或不當官，後面多的是捧著其他飯碗排隊給他們吃的人。

更何況老闆正在追問業績，沒頭沒腦冒出這句話，在老闆聽來，只剩下一個感覺：「你現在是在威脅我嗎？」

這根本是在嗆老闆嘛！遺憾的是，仍然不時見到有人在盛怒之下，把頂上烏紗帽押上去，最後不幸弄假成真，負氣離職，徒然丟掉一個好工作，不僅不智，還犯了三個職場大忌：

一、**對人不對事**：老闆在談公司的營運，你在談自己的去留，公私不分，而且也妄自尊大。

又起。

二、惹事生非：一件事未解決，你再丟出另一件事，興風作浪，一波未平一波

三、模糊焦點：岔開話題，從部門業績變成個人辭職，顧左右而言他，失去重點。

這麼做給人的感覺是什麼？沒別的，就是「幼稚」二字！

成人對成人的溝通模式

職場是一個成人世界，對話應該是「成人對成人」模式，可是從黃經理的例子看來，不論老闆或他自己都表現得不像成熟的成人。老闆開啟的是父母模式，黃經理則是孩童模式，兩人不僅雞同鴨講，無法溝通外，還讓彼此因而埋下心結。

加拿大心理學家艾瑞克・伯恩（Eric Berne）發展出一套「PAC模型理論」，P指父母（Parent），A是成人（Adult），C代表孩童（Child），三者分別源自佛洛伊德的「超我」、「自我」與「本我」。當老闆在質疑或逼問時，有如父母帶著權威，用訓斥的方式和員工互動；而黃經理在回應時，則像孩童習慣於服從權

威，卻又任性、不負責任。

當遇到這種情況時，最好雙方都有所警覺，快速調整到成人對成人模式，理性對話、充分溝通。比如——

老闆：「你連續兩季未達成目標，這一季預計怎麼達成？」

黃經理：「經過前兩季錯誤的嘗試，累積了寶貴經驗，這一季我有更好的做法，像是……」

不過，老闆畢竟是老闆，做員工的無法要求老闆改變溝通模式，因此至少自己要先做到成人模式，而不是孩童模式。比如——

老闆：「你已經連著兩季沒有達成，這次怎麼確定有十足把握？」

黃經理：「前兩季未能達成，我了解老闆對我的疑慮，幸好也累積了寶貴經驗，這一季我有更好的做法，像是……」

生氣始於愚蠢，終於後悔

什麼是成人的對話模式？

一言以蔽之，就是「避免情緒化」！說話時不隨對方的言語起舞，必須比對方更平心靜氣、更邏輯清楚，帶有同理心並尊重對方，起始句像是「你說得有道理，我也有個想法，你聽聽看……」當一方將頻道轉到成人模式，很奇妙的，另一方也會自然地跟著調整到成人模式。

無庸置疑，這個動作當然要由員工率先做起。

所以，重點不是去揣測老闆每句話背後的意思，他們只有一個意思——要員工做出成績，只是用詞很傷人罷了。因此我們不如把力氣用在調整頻道，轉到成人的對話模式，引導老闆逐漸調整過來，一次不成，就試兩次。結果，自己不致受到言語傷害，問題也解決，這才是我們期待的目的，不是嗎？

員工一個人的去留，絕對比不上一家公司的成敗；別把自我放太大，動不動就講氣話不僅有礙個人形象，也會增加工作上的異動，提高職涯危險性。換個心態、換個說法，老闆中聽了，大方給資源，讓自己好做事，這才是聰明人要做的事。

請永遠記得情緒會壞事，而生氣一向始於愚蠢，終於後悔。

3-9 年輕人，你懂得賺未來錢嗎？

近幾年，新聞不斷報導，房租不斷緩步上升，尤其是雙北鄰近捷運站或辦公區的地段。這個消息，讓我的朋友明芬特別緊張，一直唸著要兩個兒子都回家裡住，原因是：「為了省錢！」

省錢重要，還是省時間重要？

的確省很大！像大兒子月薪六萬元，住在公司附近，走路五分鐘，房租卻高達兩萬三千元，但也不過是一間附客廳的套房；小兒子月薪四萬元，住在一個隔出六個房間的公寓，只容一張床、一個書桌、一只衣櫥，連轉身都有困難，嘖嘖，也要花一萬兩千元。

算一算，兩人的房租合計就要三萬五千元，假使能夠省下來，一年存四十二萬元，三年一百多萬元，這麼大一筆錢，做什麼不行呢？哪知道，明芬的兩個兒子都不願意，因為——通勤太花時間！

明芬住在淡海，兒子們都在市區工作，經常加班，如果搬回淡海，每天通勤三小時，回到家累得跟狗一樣，只能倒頭大睡。生活剩下工作與睡覺，無法學習與累積，令人擔心未來的前途發展。明芬很沮喪，來問我有沒有什麼辦法勸兒子回家住，她沒想到，我竟然站在兒子那一邊：「二、三十歲的年輕人應該以工作為重，時間比金錢寶貴！」

明芬瞪大眼睛盯著我，一臉詫異與不解，還特別強調公司採責任制，並未給加班費，還不如能省就省，把錢放在口袋裡最實在不過。你說，明芬是哪一種人的思維？

退休人士的思維！

越是低薪，越想存錢

明芬一年前退休，再無賺錢能力，時間卻有一大把，能夠想到的無非省錢，能走路就不搭公車，能搭公車就不搭捷運，能搭捷運就不叫計程車，反正提早出門或晚一點到都沒關係，有時候還會搭公車到處兜轉殺時間，以免在家太無聊。

可是年輕人不一樣，人生才開始，正在走上坡路的階段，做任何事都是費時費力、事倍功半，還未必有所成就，時間相對珍貴無比。而且上班要加班，下班要充電，還要結交朋友、建立人脈，一人當好幾人用。如果把上下班時間大量花在通勤上，就會犧牲睡眠，以及各種學習與社交，結果會怎樣？

省來省去，省掉了未來！

薪水有兩種，第一種是目前的薪水，第二種是未來的薪水。如果從省錢的角度切入，眼裡只會看到目前的薪水，心裡只會想「能省則省，落袋為安」；反過來說，如果採取的是省時間的立場，著眼的是未來的薪水，心裡想的是以後賺更多——兩位數成長或是翻一倍以上，便會想盡辦法省下時間來工作、學習、社交與練身體等。

多年以前，王品集團創辦人戴勝益勸年輕人，月薪四萬元以下不要存錢，網路鄉民罵翻了，後來台積電董事長張忠謀卻站出來附議。這個世代衝突，完全呈現出「成功者」與「普通人」的不同眼界，也呈現出「富人」與「窮人」的不同思維。

人性恐懼損失，而普通人之所以一生平凡，是因為無法掙脫人性枷鎖，困在裡面出不來。假設月薪四萬元，原來可以存一萬元，現在你卻要他拿一萬元去投資未來的自己，不知道是否會打水漂，自然心生恐懼，態度便會保守消極，不會去想像可以靠著努力去突破現狀、領四萬元以上的薪水。所以，當時年輕人最振振有詞的一句話便是：「我連四萬元都賺不到，生存都難，還存錢呢！」

年輕人不該用老年人的思惟

中年人常叮囑年輕人：「錢要省著點花，以後用得著。」這是什麼觀念？防老觀念！拚命省錢的結果，經常是「人在天堂，錢在銀行」。可是年輕人不同，人生才剛起步，離老去還有一大段距離，固然不必亂花錢，但是更重要的是賺錢，對於金錢要採取攻勢，不是守勢，想辦法開拓財源，多賺錢才是。

這世界上最難有兩件事：第一難是把自己的想法放進別人的腦袋裡，第二難是把別人的錢放進自己的口袋裡。因此能夠賺到比別人多的錢，能力非比別人強大不可，就必須要勤於投資自己，像是工作上比別人有績效、下班後比別人熱中學習、人脈上比別人樂於拓展有效的連結，而且心理素質高於一般人。

簡單歸納，年輕人可以分為兩種：

省現在錢的年輕人——短視近利，消極保守，十年後會站在哪裡？答案是原地不動！賺的薪水和現在相去不遠，甚至有可能被減薪，或是只能領時薪。

賺未來錢的年輕人——有願景、有行動，競爭力越來越強大，十年後會站在哪裡？答案是更上一層樓，薪水是現在的一倍以上起跳，而且收入的天花板還在不斷衝高。

當然，房租是一筆不小的花費，令人心疼，可是當你想的不是用省錢來解決問題，而是賺更多錢來負擔房租，就是改變的開始。跨出第一步，比如跳槽到更具挑戰的行業、上班時多成交幾張單，或是下班後學習理財工具、做斜槓微創業等。持續十年後，豈是搬回家住省房租的人足以相提並論？

所以，對於年輕人來說，我不鼓勵每天通勤時間超過兩小時，除非你很會利用這兩小時，比如讀書、學習、工作等。但是，我也碰過有人找工作時，只找離父母家走路十五分鐘之內的範圍，這也會侷限住未來的發展性。因此我給年輕人三個建議：

• 不要為了省房租，把未來省掉。
• 以工作為重，最好住在公司附近。
• 房租負擔不起時，就想辦法另闢財源，而不是搬回家住。

年輕就是本錢，聚焦在未來，全力衝刺的當下，你會發現時間根本不夠用，哪裡還能夠花在長時間通勤？所以你要做的不是花時間去省錢，而是要花錢去省時間，讓時間來幫你賺更多的錢。

這，就是成功者的眼界、富人的思維。

3-10 幸運，是留給樂觀外向、勇於冒險的人

瑪姬是我寫作班的學員，一開始自我介紹時，很明顯可以感受到她很不一樣，像極了勁量電池廣告裡的那隻粉紅兔子，電力滿格，不斷揮動雙手敲打鼓面，講話很快，有一肚子話想說，帶著莫名的興奮。聽完之後，我卻錯愕了，心想：「她的人生慘到這個地步，怎麼還活得如此興致盎然？」

我必須特別強調，瑪姬從頭到尾都是帶著笑容在說，但不是那種勉強擠出來、比哭還難看的笑，而是打從心底開出一朵花、真心感謝上天的笑。

借錢再借錢，借出獨特能力

瑪姬生長在一個貧窮家庭，父母希望孩子靠著讀書翻身，只要孩子讀得好，無論如何都要供養到底，能借就借，所有親戚都被借怕了，躲得遠遠的。偏偏上面的哥哥姊姊都恰恰很會讀書，在台灣讀不夠，都想要留學，學費卻是貴死人。可是哥

哥姊姊不管啊，先出國再說！結果是——債留台灣！

怎麼還？排行老么的瑪姬只能挺身收拾善後，到處向銀行求爺爺告奶奶，受盡屈辱，一拿到錢就忙不迭地匯到國外。後來輪到瑪姬要讀大學時，沒人幫忙張羅借錢，只好放棄。全家含嫂子與姊夫總共八個博士，只有她是高中學歷。

為了還債，瑪姬選擇去不動產業上班，才賺得多、還得起，不會被債務與利息給壓垮、葬送人生。這時候，意外地，奇蹟出現！

「我那獨一無二的優勢，完全展現無遺！」

瑪姬一窮二白，還欠了一屁股債，換成別人，哭都來不及，哪裡還有優勢可言？老實說，我也沒想到她的優勢竟然在這裡！那就是她很會跟銀行打交道，找銀行的縫隙，然後順順地溜進去。跟她買房子的客戶，不論什麼條件，瑪姬一定可以幫他借到錢，而且期限長、利息低。

也許你現在不覺得這個能力有什麼了不起，畢竟眼下買房只要兩成自備款，利息低到一趴多到兩趴。但是從前不是啊，必須自備款五成，利息最高曾經十三％，而且是賣方市場，銀行不像現在這麼親切有禮。因此，當時是否具備跟銀行打交道的能力，是一項得天獨厚的優勢。

「客戶不愛我也難。」瑪姬笑著說。

境遇相似，結局大不同

瑪姬很快賺到第一桶金、第二桶金……，這些錢全部投到最熱的房市，可以想見，瑪姬目前的身家是用億來計算。一個小女孩從十八歲開始討生活、看人臉色、嚐盡世間冷暖，卻在三十年後搖身一變，成為不折不扣的富婆，是不是就此感到幸福無比？未必！因為過去工作太辛苦，才四十八歲瑪姬就毅然選擇退休，不想再碰工作這件事。

問題是，追劇、旅遊、吃喝兩年之後，太無所事事，失去生活重心，受不了，五十歲的瑪姬決定重出江湖，報名我的斜槓課與寫作課，計畫再創事業第二春。有了這個經驗之後，她由衷地說：「不論多大年紀，每個人還是要有工作，比較有貢獻、有意義，真正在活著。」

令人不解的是，瑪姬有一個朋友也跟她有類似的故事，結局卻一百八十度相反。姑且稱這個朋友「小曾」，小曾在入社會五年時遭逢家庭變故，因為弟弟投資失敗，債台高築，足足欠下三千萬元，被黑道找上門要斷手斷腳。父親不得已，除了賣掉唯一的房子外，還要小曾幫忙還債，否則就威脅要帶著弟弟一起去死。

小曾因此兢兢業業上班，不敢換工作，花了二十年終於還完債務，卻未曾絲毫感到「無債一身輕」，反而就此一蹶不振。四十五歲了，年輕不再，往前看卻是中年危機四伏，因此鎮日鬱鬱寡歡，抱怨上天不公，給他一個不好的家庭與起跑點。感覺上，他的整個人生的確被原生家庭給拖垮。

這兩人境遇相同，結局不同，原因出在哪裡？

瑪姬說她想過這個問題，於是仔細觀察小曾的行為與習慣，再跟自己兩相比對，得到一個結論：「性格，造就命運。」

「人多的地方，我一定去！」

瑪姬承認自己比較外向、小曾比較內向，差異就在這裡！

根據科學統計，外向的人比內向的人幸運，原因在於外向的人比較樂觀、內向的人則傾向悲觀，所以遇到抉擇時，外向的人會勇於冒險，而內向的人則會思考再三之後，留在原地不動，看似安全，其實保守。比如同樣買房子，兩人著眼點完全不同，瑪姬說：「我看到商機，他看到危機；我看到獲益，他看到損失。最後，我出手了，他縮手了，就這樣一再錯失機會。」

敢於冒險，最後必然出現兩個結果——不是成功，就是失敗；不做出任何行動的人固然不會失敗，但成功的機率也等於零。而且別忘了，失敗可以調整，逐漸提高成功機率。到最後，出手多次的人，成功機率自會變大，比如從五〇%增加至七十五%。

不論任何聚會，瑪姬再忙都會露個臉，讓別人看見她，廣結善緣。依照她的人生經驗，好運都藏在意想不到的地方，而能夠幫助她的人，往往是八竿子打不著的弱連結。她有個做人處世的原則，那就是：

「人多的地方，我一定去！」

事實上，實驗也證明社交會帶來好運。相反的，小曾有「社交怠惰症」，喜歡窩在家裡，不愛參加活動，即使勉強到場，也是縮在角落，完全是一個「無效的存在」，事後大家都不記得他到了沒，也就不會跟任何幸運的人與事有交集。

這世界，真的是留給膽子大的人。所以統計上也發現，內向悲觀的人不容易發生意外，會比較長壽，而外向樂觀的人比較成功，原因只有一個，無非是外向的人行動力強而已，包括在新事物或交新朋友上不斷為自己創造幸運的機會，與好事產生更多的連結。

問題來了——性格可以改變嗎？內向的人，可以變得外向嗎？

瑪姬說，幸運是一種可以學會的能力，秘訣是相信自己是改變性格、掌控人生、決定命運的那個人，而不是別人。當然，性格有基因成分，但是基因只占三成，其他七成取決於環境與意志，也就是自己。

想要更幸運、更成功嗎？那麼寧可變得外向些，也不要內向；寧可樂觀些，也不要悲觀。

3-11 光抄筆記，只會讓你成為「勤勞螞蟻」

自從舉辦免費講座之後，現場不提供講義，我有個很驚訝的發現——大家怎麼這麼愛抄筆記！

我常常一回頭就看到烏鴉鴉一片黑，盡是大家的腦袋頂，都在猛抄筆記。一點都不誇張，很多人幾乎是看不到臉，從頭抄到尾，沒抬過頭。這讓我不禁懷疑，他們不是來聽講座，而是來抄筆記的，「抄」才會讓他們感到有真正在學習。

抄一句，至少漏聽三句

根據一般評價，我的講座含金量高，而且教好教滿。如果過去你聽演講，講師用一個故事就講完整場，滿場跑上跑下，又是揮拳又是吼叫，現場人人跟著嗨到炸開，我完全不屬於這種，第一我的口才很不怎麼樣，第二我沒條件走魅力路線，第三我始終認為自己是來教課的，台下是來聽課的，重要的是觀念與方法。

講個例子，就知道我的風格。有一次我去一家大企業演講，事後他們做了滿意度調查，結果顯示我不是講得最好的老師，但是有件事讓他們感到甚為驚訝，就是大家在課後回憶得出來的重點是有史以來最高。

這說明了什麼？第一是我的講課有料，第二是我的講課方式擅用比喻，很容易記住重點，學習效果是高的。

我想，大概是這個原因讓大家這麼愛抄筆記。但是也是可惜的地方，原因有三：

- 人無法一心二用，而且抄比聽慢，所以你抄一句至少漏聽老師講三句，也就是整場最多只聽進四分之一。
- 當你在抄上一句時，就沒聽到老師講的這一句；而沒聽到的這一句，很可能是接下來一段的關鍵，漏聽了後面就聽不懂。
- 多數人回家後沒再翻這個筆記，可能抄在一個紙頭上，不知丟哪裡去。

不僅如此，我還特別想要提醒一個概念，抄筆記不會讓你的人生更美好或更成功，只有下面這兩件事才會幫你做到：

一、改變你的觀念
二、展開你的行動

問題是很多人「我抄故我在」，心裡想的是我花時間來聽講座，也埋頭抄了筆記，振筆疾書，一刻不得閒，忙到連頭都沒抬，手酸到要斷了，筆寫得快沒水，表示我很努力在聽、很努力在記，等於我很努力在學，而這就夠了！要不然是還要多要求什麼？你看看有多少人連報名聽講座都沒有，我已經夠上進！

員工都很強，公司卻越來越弱？

是的，很多人在這件事上帶著優越感，比起其他人下班後滑手機、追劇、吃飯打屁，他們認為自己夠可取了。可以想像的是，這種人上班時，應該也很認真努力，可是你也可以想像得出，這種人在晉升或加薪路上，應該也經常感到挫敗委屈，升遷的不是他們，加薪的也不是他們。而原因出在哪裡呢？他們也都百思不得其解。

這讓我想到寫《公司病》一書的企管顧問柴田昌治，也出過一本書《重要的事別交給亮眼的人》，書中討論到一個問題：

優秀員工執行力強、協調力佳，讓組織一切正常運作，但是公司卻越來越弱，為什麼？

歸納起來，他看到一個日本常見的現象是很多員工勤於做事，卻不思考，結果是應付事情、不見問題。

過去，日本企業靠著員工勤奮而成長壯大；到了今天，員工勤奮卻衍生出極大的矛盾，使得日本公司的生產效率低於其他主要國家，原因就在於員工賣力工作的同時，沒有發現公司出現的問題，才導致公司越來越衰弱。怎麼辦？於是他提出一個說法：

公司的結構與風氣，是企業改革的關鍵。

柴田昌治這個發現，用管理理論「懶螞蟻效應」來解釋是再恰當不過，這是因為公司裡，「勤奮的螞蟻」太多，而「懶螞蟻」太少。

有一次，日本北海道大學的進化生物研究小組，觀察三十隻螞蟻一陣子後，發現大部分螞蟻都一如我們了解的勤奮工作，不停地搬運食物，不過卻有少數螞蟻整天無所事事、東張西望。後來生物學家做了一個實驗，斷絕螞蟻的食物來源，結果「勤勞螞蟻」慌了，「懶螞蟻」卻站了出來，指引早已偵察到的食物來源，帶領大家轉移陣地，另尋生路，解決糧荒危機。

由此可見，「懶螞蟻」不搬運食物不等於沒在做事，東張西望是在偵察，無所事事是在思考。後來這個發現應用到企業管理上，稱為「懶螞蟻效應」——組織裡一定要有些「懶螞蟻」，負責分析市場變化，帶領大家找到新市場。

再擴大來說，「勤勞螞蟻」等於做事的人，做目前的工作；「懶螞議」等於用腦的人，預測未來的方向，兩種人都重要，也必須清楚分工，讓勤於動腦的人可以懶於雜務，這是所謂的「螞蟻式管理」。

因此問題浮現了，企業用了太多「勤勞螞蟻」，因為他們勤奮，在基層的表現亮眼，升遷、加薪自然而然以他們為主，成為企業的中流砥柱；卻也因為這些人習慣性地勤於工作，而疏於用腦，導致組織僵化、難以改變。

筆記一百個重點，還不如實踐一個重點

勤於抄筆記的人，有如勤勞螞蟻，而他們的勤勞簡直完全進入自動駕駛狀態，屬於反射性的習慣。在講座時，我都會多費唇舌要大家多聽講、少抄筆記，結果我發現這是白費唇舌，因為不到一分鐘，這些人又忍不住低下頭繼續抄，彷彿有種不抄會死的使命感在驅動他們。

不過，抄筆記還不是我認為最大的問題。講座進行中，我會適時反問大家，多數人表情木然，並且眼神閃躲；你說這像不像在公司開會，無論如何就是不跟老闆眼神接觸，免得被點名站起來發言？這才是嚴重的地方。猛抄筆記卻不思考，也沒意見，更沒打算提高能見度，在會議中發言而被看見價值，你說升遷、加薪怎麼會輪到你？這就是勤勞螞蟻的下場。

聽演講的目的是什麼？不是抄筆記，而是記住幾個觀念與做法，回去後實踐。人生要美好、工作要成功，靠的不是抄筆記的功夫，而是付諸實踐的功夫，重要的是行動力。筆記一百個重點，還不如實踐一個重點。這個道理用在職場也一樣，努力做一百件事，還不如做出一個成果，老闆要看的不是勤奮，而是實績。

如果你是愛抄筆記的這類人，放下你的筆，用用你的腦，這才是最需要記住的重點。

第 4 章

膽子大一點，
離開原地，動起來！

人的一生有三大決定關鍵，依序為命運、機會、幸運。
不論工作或找工作，都屬於「幸運」的範圍，但是，你總得做點什麼，幸運才會掉到你的頭上。
留在原地不動，人與事日復一日，職涯就不會改變；唯有離開原地，換產業、換公司或換職位，遇見過去碰不到的人與事，才有可能突破，帶來新局面。
沒有「早知道」，只有「早做到」；冒險，是職涯最值得的投資！

4-1 待在一灘死水，比跳入陌生的河流還危險

我的書櫃裡，有一排書談的都是怎麼遇見好運，這是我很喜歡的閱讀類別。為什麼？因為我真心相信，人都想要卓絕不必堅苦，而且我看到的世界是「賺錢的事不辛苦，辛苦的事不賺錢」。可是在職場上，誰不辛苦？因此我想幫大家找出不辛苦的方法，成為好運的人。

毅然離開，才能展開新局面

誰都希望不辛苦也能擁有一切，不是嗎？

令人不可思議的，所有好運的書都說到同一件事：想要好運，必須適時地「脫離常軌」！有如出門旅行會遇見新奇的事物，充滿意外與驚喜，讓人怦然心動。職場也一樣，留在原地不動，人與事日復一日，職涯就不會改變；唯有離開原地，遇見過去碰不到的人與事，才有可能突破，帶來新局面，也帶來好運。

有一回，我的斜槓學生做進度報告時，有位學生說她最近問題層出不窮，業績卻逆勢成長四倍！怎麼可能？疫情嚴重到三級警戒之後，哀鴻遍野，公司倒閉不少，失業人口增加，還存活的咬牙硬撐，很多人的生計都受到嚴重影響，電視新聞裡每天都有人在苦苦陳情。

她是怎麼做到的？答案是脫離常軌！

換跑道，布新局，改運氣

不久前，這位學生在路上跌倒，腳踝腫成大麵龜，足足一個月動彈不得，根本跑不了客戶。再加上更年期來了，身心很不舒服，買貴參參的中藥在療養中。這樣的水深火熱，客戶不僅紛紛來關心她，還掏腰包力挺她的業績，表示她做人成功。

可是——哪有做人不成功的好業務？沒錯，背後真實的原因，是她幾個月前從保險公司轉換跑道到保險經紀公司。但她也說，必須捨棄原來的業績讓她猶豫再三，還好最後仍然決定大膽一跳。到了新公司，開始致力於徵員，從以前一個人單兵作戰，搖身一變成了帶組織的領導者。為此，她還去上領導學的課程，學習帶人。

歸納起來，她跳開原來的跑道，脫離常軌做了三件事：

換產業，換公司，換職位。

這是職涯生態動態系統三角形的三個重點，本來不宜全部移動，既危險又會壓力過大，還好她移動的產業具有相關性。如果她繼續留在原產業、原公司、原職位，在新冠疫情期間，業績可能不升反跌，便成為「困局」；而她移動了，棋局就翻盤為「新局」。其中的關鍵是脫離常軌，新的人與事帶來新局面。

職涯成功的秘密，就在脫離常軌

職場上，由於人性恐懼損失，一般人的職涯移動都趨於保守，不敢冒險。因此到處看到上班族一邊抱怨工作，一邊留在原地，不敢輕舉妄動，陷入「困局」。

LinkedIn 創辦人雷德．霍夫曼說，在面對抉擇時，一般人傾向高估風險，但是不確定性不等於高風險，而且沒有風險恐怕不是好機會，並強調：

冒險，是職涯最棒的投資。

這個道理，就和買股票一樣。想想看，如果不投資股票，會從股市裡賺錢嗎？不會！但買股票會不會失算賠錢？也會！所以要學的是審慎投資股票，並非不投資股票，可惜「因噎廢食」是多數人在職場上的投資行為。最後事實證明，在股市長期投資會賺到比薪資多倍的財富，而在職場投資轉職的人，則會比一般人拿到翻倍的高薪。

由此可見，職涯成功的秘密就在脫離常軌、冒一點險！這使得在職場拿高薪的人具有兩種特質：

一、自我效能感強：對自己的能力有信心，所以願意大膽冒險、積極轉職或嘗試新工作。

二、內在控制信念強：相信成功必須靠自己，不論能力或運氣都能由自己控制，所以他願意付出努力去提升能力、管理運氣。

跨界移動，才會增加遇見好事的機率

這麼多教人好運的書都說我們必須脫離常軌，為什麼我們卻很難做到？因為職涯其實很難規劃，很多時候是一個機緣巧合就改變我們的命運，多的是在既有規劃外突然出現的意外，似乎冥冥中存在著一股神秘的力量——偶然力！

說穿了，我們的一生，包括職涯，遇見的都是機率事件。而所謂好運的人，不過是增加遇見好事的機率，提高自己的偶然力。如果一直待在原地不動，不會增加機率；唯有冒一點險，脫離常軌，跨界移動，才會增加遇見好事的機率。

「偶然力」這個名詞，是我在讀日本人村山昇所著的《工作哲學圖鑑》裡看到的，幾乎是一見鍾情，深獲我心。怎麼增加偶然力？村山昇給出三個建議：

- **召喚幸運的能力**
- **對機會的敏感度**
- **大膽冒險的躍進**

我們每個人都是自己職涯的「造局者」，主動創造有利於自己遇見好運的新局，也就是移動到這樣的環境——人、事、物快速流動的地方。

相反的，假使留下來的環境像是一灘死水，沉滯不流動，會比跳到一條陌生的河流還危險。待在這種死水，有如一腳踩進泥淖，無形中有一股暗黑的力量拉著你不斷往下沉、往下沉……；讀到這裡，你是不是冒出一身冷汗？心想自己待的正是這樣的「鬼地方」，這也是你無法遇見好運的原因。

幫你察覺「機會來了」的三種心態

那麼，如何察覺你碰上的是不是機會？所有好運的書都提到這三種心態：

- 輕鬆一點，才會注意到細微之處
- 開放一點，才能接受各種訊息與挑戰
- 大膽一點，才會勇於嘗試，接住好機會

一般人談好運，都會教你更努力、態度好，比如羅馬哲學家兼政治家塞內卡（Seneca）就說：「所謂的運氣，是充分的準備遇上機會。」這些道理大家都知道，絕對是基本盤；不過，真正能夠翻轉你職場命運的，卻是跨界移動，也就是辨識機會、大膽一躍。最後，我再告訴你一個秘密：

好運，是留給敢冒險的人！
這世界，是為膽子大的人所創造！

4-2 「早知道」還不如「早做到」永遠來得及

兩年前，一位二十九歲的年輕人想換工作，可是履歷丟出去後一直無消無息。面對旋即而來的「三十而立」，他心中充滿焦慮不安，於是來找我做職涯諮詢。

看過他的履歷後，我馬上明白他卡在哪裡、不獲得企業青睞的原因。

他讀心理系，想做人資，可畢業後五年卻在另一個行業，雖然間接相關，卻不是直接相關。不過，最重要的還是，會設有人資部門的通常是大企業，而現在大企業用人都要碩士學歷，像是人資部門，都會比較偏愛人資研究所畢業的求職者。這個學歷，是第一個必備的標籤。

如果不具備人資所學歷，至少過去的工作經歷是在人資部門任職，熟悉企業的選、育、用、留等各個環節與工具。假使連這個第二項標籤都不具備，就必須是學校剛畢業不久，具備年齡上的優勢，如果到了三十歲都還沒進過這個領域，的確會有些困難。

你的一生，有三大決定關鍵

不過也有特例，比如我在教授的斜槓進階班就有位學生，五年前進入企業做人資之前換過不少工作，像是在旅行社做ＯＰ，還開過舶來品店兩年、做占星師一年……；直到四十歲一次因緣際會，加上他很會表達、為人熱心，被破格錄用，月薪五萬多元。可是這種例子不足為恃，因為靠的是「機會」，而機會是別人給的，最不可靠，無法預測與仰賴，最終仍然要靠自己才行。

人的一生有三大決定關鍵，依序為命運、機會、幸運，各指的是：

- **命運**：天生就決定的，比如家庭、父母、手足、美醜、智商等，這是個人無法控制的部分，沒法改變，只能改善。
- **機會**：需要當下透過行動來掌握，像是買一張彩券、投資一檔股票等，但是只能部分控制，無法百分之百掌握，其中運氣的成分極大。
- **幸運**：可以透過長時間耕耘而不斷加強，比如工作、理財等。雖說好運與壞運各五五波，但是在經過努力之後，好運的機率會逐漸提高，慢慢地就變成一個充滿幸運的人、令人羨慕的上帝寵兒。

還好，不論求職或上班工作，都屬於「幸運」的範圍，這是一個莫大的好消息，可以靠自己去調整與改變，漸漸握有主導權。接下來，你最想知道的，莫過於：「究竟要做哪些事，才能越來越靠近幸運？」我的答案是——

貼標籤！

標籤越多，求職路上越幸運

「貼標籤」是什麼意思？就是根據你要達到的目標，準備好需要的條件。比如要是想到大企業做人資，不妨上網查看企業都列了哪些求才條件、有哪些相關的討論，並向大企業的員工側面打聽，了解必須具備的「標籤」有哪些。學歷標籤如人資所碩士、心理系所，技能標籤如證照，工作經歷標籤如人資經驗。所以，標籤有兩個特性：

- **越相關，加權越高！**
- **越多個，總分越高！**

有些人之所以在求職上看起來比較幸運，是因為他們在求職前就準備好了所有的相關標籤，讓求才企業一眼就能辨識他們的存在與能力，機會的彈珠便會向他們傾斜，一而再，再而三，別人就會以為這些人是天之驕子、格外幸運。其實，他們的幸運全靠自己的創造與累積，並沒有比較走運。

回頭再看本文的男主角，大學剛畢業時他有想到考人資所，可是考慮過多、猶豫再三，比如他會想台灣的人資所沒幾間，而他不是本科系，不容易考上，於是放棄沒去考，這樣過了五年。這一來，除非有特殊的機遇，或有哪家企業願意當他二十五歲，讓他從人資最初階做起，而他本身也蹲得下去，就有機會在人資領域一展抱負。

假設此路不通，還有沒有別的路子？有啊，他也想過攻讀三年心理諮商所，考個心理諮商師！可是打聽的結果，發現心理諮商師的月收不穩也不高，也就不了了之。現在三十歲，之後就算順利畢業並拿到執照，也已經三十四歲了，是一個令人心驚膽跳的「高齡」！這便是他踟躕不前的原因。說著說著，他突然沮喪地說：「一切都晚了，都來不及了。」

沒有「早知道」，只有「早點做」

他對時間的焦慮，可想而知。如果你問三十歲的人幾歲算老？他們會說三十五歲！可是如果換成從三十五歲回頭看三十歲，情形就大不相同！我們大多數人回頭看年輕時，是不是都有些抱憾，會說：

「早知道，我那時候應該去學……，今天就不是這個樣子。」

「早知道，當時我就應該改變，今天就不只如此。」

所以，不論現在幾歲，都可以是那個「早知道」的年齡，而「千金難買早知道」，不是嗎？假使他現在啥都不改變，到了三十五歲時，就會捶胸頓足地說：「早知道，三十歲時我便應該發狠放下一切去讀人資所。」或是：「早知道，三十歲時我應該別想那麼多，花個三年去讀諮商所。」這麼一來，在三十五歲時，至少有一個標籤讓他能夠接近想做的工作。

時間一直在流逝中，現在你嫌時間太晚、害怕來不及，五年後你會更害怕來不及。還不如換個心情，站到三十五歲這個時間點，回頭對現在三十歲的自己說：

還好當初我做了這個改變，今天才來得及能夠有這個機會。

貼標籤需要付出時間與心力，結果也可能失敗，但是如果凡事都因為事先無法確定一〇〇%成功就放棄不做，最終只有一個結果：失敗！以及必須面對因為時間流逝、越來越高的生涯風險。所以，求職條件的準備只有「早點做」，沒有「早知道」。當你在猶豫要不要做哪些準備的時候，不妨問自己兩個問題：

「如果我現在就去做，三年後會怎樣？」

「如果我現在不去做，三年後會怎樣？」

每個人都會馬上得到同樣的答案：有做就有機會成功，沒做就是注定失敗。那麼，你還猶豫什麼？就去做啊！做任何對的事，不嫌晚就會永遠來得及。而之所以來不及，是因為從未開始去做。

4-3 沒準備叫「機率」，有準備且敢抓住才叫「機會」

一兩年前，有位「憤青」來找我做職涯諮詢。他當時二十八歲，看什麼都不順眼、什麼事都可能突然噴出熊熊大火。比如來找我諮詢的三個月前，他就因為和主管相處不來，覺得主管既愚蠢又頑固，想要調到另一個部門，想像中那裡人人都很有舞台、很有發揮之處，想必主管應該英明睿智多了。可是，一連申請三次都石沉大海……

「這公司是怎麼了？一個想做事的年輕人，卻不給他機會，還能待下去嗎？」

可是，這個部門所做的事既和他的所學背景不相干，他也拿不出相關經歷，證明自己能夠勝任。因此，我看不懂他如此強烈的「自我感覺良好」是打哪裡來的；哪知道，他竟又振振有詞地說：

「一個向前看的公司，應該看一個人才的未來潛能，而不是過去資歷。」

連準備都懶，誰要理你！

按照他這個說法，求職過程就根本不需要寫什麼履歷，只要人到了，拍著胸脯告訴企業自己有滿腔熱血、滿腦子理想、一肚子想法，面試者就應該點頭如搗蒜，稱許他的勇氣，看出他充滿無限的潛能，願意大膽讓他一試。求職當然不是這樣的，而調職和求職差不多，也必須拿出學經歷，證明自己足以扛起重責大任。

我問他：「你想要調職，有做哪些準備嗎？」

他還是一廂情願地說：「我都已經是公司的人了，公司應該相信我有能力，哪裡還要做什麼準備？」

公司錄用一個人之後，都有可能因故炒他魷魚，或是迫於無奈資遣、裁員，不保證工作到退休的那一天，哪裡還去想「你是我的人，我就承諾你所有的請求」？這未免想太多了！企業經營，即使人才也都是「成本」，必須做到適才適用，效益極大化，公司當然也可以培訓你，但前提是你必須證明你是人才。如果連這點都懶得做到，誰理你呀？

是個咖，才會被認為是「自己人」

同樣是調職，讓我想到朋友小楊。他二十幾歲時在一家大企業做人資，兩年後想多多歷練，目標是調職轉做審計；可是，他大學讀的是哲學系，和人資八竿子打不著，能夠被應徵上人資已經純屬萬幸。幸好小楊負責的是招募，勤快與熱心才是勝任的必要條件，但是審計就不一樣，看的是所學背景，不是人格特質。

於是，小楊就到公司附近的一所大學，選定兩門與審計相關的課程，一一與教授談過，請求讓他旁聽。接著一邊上班、一邊進修，加緊腳步補足在審計這個領域的知識。過了一學期，小楊有了初步的基礎，也適逢有審計職缺開出來，他一馬當先去申請。

一開始，用人主管當然深表懷疑，小楊便拿出在學校讀過的書、寫過的報告，以及兩封教授的推薦函，展現出為了這次調職所做的準備及決心，讓用人主管懾服，認為小楊非常有心。

最後，雖然小楊在審計上不過是半調子，也缺少實務經驗，一般來說是不予錄用，用人主管卻跟他說：「我們在同一家公司，是自己人，就破格錄用！你不會的地方儘管來問，我會盡我所能地教你，你放心。」

所以，別人要不要認為你是「自己人」，其實和你們在不在同一家公司無關，也不是你一廂情願怎麼想怎麼對，而是你做了什麼，讓別人相信你是用了心，也努力過，最後願意伸出手把你拉進他的圈子裡。

這篇文章一開始提到的憤青，以及後來的小楊，兩人年齡差不多，面對調職的做法卻迴然不同，讓我想到一句話：

你總得做點什麼，幸運才會掉到你的頭上。

什麼是幸運？美國名主持人歐普拉說過，幸運是你做好所有的準備，機會剛好來了。

還未準備好時，先抓住機會再說

這也是憤青之所以一直是憤青的原因。因為不做準備，機會也就不斷和他擦身而過，讓他覺得「整個世界都在跟我唱反調，真是倒楣透了！」小楊不是，他先做準備，能力只有四〇%就往前衝；當機會來了，他的身體或靈魂已經有一個在路上，一伸手抓個正著，這讓他覺得人生太幸運了！

不過，在長長數十年的職涯中，我也遇過不少當機會來時毫無準備的情況。在那個措手不及的當下，年輕時沒有自信，我都讓機會從指縫間溜走。後來在聽到《三分鐘說十八萬個故事，打造影響力》一書的作者許榮哲說了兩個故事之後，就算是沒學過的事情，我照樣會點頭說：

「好，沒問題，我可以做。」

第一個故事是安．海瑟薇（Anne Hathaway），雖然她因演出《麻雀變公主》而大紅大紫，但同時也被定型，在演藝界載浮載沉，直到演出李安導演的《斷背山》才轉型成功，步上坦途。她是怎麼轉型的？居然是在試鏡時，李安問候選的女主角們誰會騎馬，只有一人舉手，就是安．海瑟薇！其實那時她根本還不會騎馬。你也許會說，這不是說謊嗎？事後她解釋，因為從小父母教她一個重要的道理：

當別人問妳會不會一件事時，妳要說會，然後花兩週去學會它！

機會很難得，學習很容易

許榮哲原來是小說家，幾年前也遇到相同情況，台灣文學館要辦桌遊文學營，來問他會不會桌遊，他回答會啊！其實他當時的程度不過是玩過「大富翁」，可是他逮住這個機會，花半年發憤圖強，不僅學會各種桌遊，也把桌遊與文學做了完美的結合，為自己開啟一條新路：桌遊文學。

此後的許榮哲，一年會講上百場這個主題的演講，幾乎可說是台灣的桌遊文學之父。經歷過這段親身體驗，許榮哲得到一個重要的人生領悟，那就是——

機會很難得，而學習很容易。

機會是別人給你的，你不但無法掌控，而且稍縱即逝，容易被人搶走，所以很難得！相反的，學習是自己決定學多少、會多少，所以很容易。因此只要是機會，不管你會不會，先抓住再說！後面再來學就好。兩年前我便奉行了這個人生哲學，答應開課當斜槓教練，沒想到竟然一路長紅，班越開越多、學員報名也越來越踴躍。

機會雖然留給有準備的人，同時也留給還未準備好、卻有心想要抓住機會的人。不敢抓住叫機率，敢抓住才叫機會。現在，眼看「機會來了」的時候，我都是這麼想的：

敢給我機會的人都不怕了，我還怕什麼？

4-4 你試一次，我試五百次，誰會成功？

有一天，一位斜槓進階班學生對我說，她想放棄目前的經營項目，改成做另一個項目，問我的意見。我只是拿出計算機，就讓她回心轉意。

你猜我是怎麼辦到的？

她的狀況是這樣的，在科技業做品保工程師，前幾年因為先生有外遇而離婚，從一個幸福的小女人變成一名需要撫養兩個孩子的單親媽媽，覺醒過來，決定開始追求自己的人生目標，於是來向我學做斜槓。

其他學生的斜槓項目經常落入高上大，而困於無從起步，她的斜槓項目簡單多了，跟我當初一樣從寫作著手，並且經營FB這類自媒體。

會寫很好，勤寫更重要

我曾當過一本女性雜誌的採訪編輯，也在一家大報社主編過「家庭與婦女版」，對婚姻、愛情、女性、兩性、親子等話題相當熟稔，而且在我手上也紅了幾位大作家，所以判斷這類文章寫得優或劣是有一定的精準度。老實說，這位女學生的文章寫得不輸我以前接觸過的作家，感情、經驗、觀點都相當到位與獨特。重要的是，比起其他學生，她已經算是勤勉，大約每週都會寫上一篇長文。

所以，當她半年後對我說想放棄這個項目時，我驚訝到不行，連忙問她原因。她說：「我只有一篇文章刊登出來。」

「那麼，你投過幾次稿？」

「總共就那麼一次。」

「一次就中，很厲害呀！那麼你後來為什麼不再投？」

「就沒信心，就懶了。」

答案再清楚不過，她是被心魔打敗，癥結不在於文筆不佳。於是我要她拿出手機，計算一下我的投稿次數：

自從二〇一五年十二月八日開了 FB 粉專之後，我每週至少寫四篇文章，每次投稿給至少五家媒體，一週有二十次見刊次數，半年下來是五百二十次。聽到這個次數，戴著口罩的她，整張臉只露出兩隻眼睛，瞪得好大好大，簡直要跳出來，並且倒抽一口氣說：「五百次，嚇死人！」

「那麼你說，你投一次，我投五百次，最後誰會成為作家？」

答案不言而喻！而且這樣的情況，足足有三年！換句話說，這三年裡我的投稿至少三千次！很明顯的，我能在三年內崛起靠的不是天賦而已，更重要的是勤勉。不論我讀政大新聞系，或是後來在報紙、雜誌工作多年，周圍盡是寫作高手，我沒有比較優秀，可是他們在寫作上的成敗給我了一個啟示，那就是——

不是最會寫的人成為作家，而是會寫也勤寫的人。

很少天才最後會擁有一個成功的生涯，相反的，在最後一里路攻下灘頭堡的，通常是資質中等且勤奮不懈的人。可是一般人都有個迷思，期待自己一飛沖天、一夕成名、一夜致富，以為那樣才是真正厲害，才證明自己在這個領域具有非凡的天賦、是如假包換的天才。其實這種情形極為少見，就算發生了，也不是厲害，而是僥倖所致。

成果與過程，哪個比較重要？

我個人很推崇日本人村山昇寫的一本書《工作哲學圖鑑》，裡面對於工作的思考都極具高度與深度，其中他談到「成果與過程哪個重要」時，引用了在美國發展成功的棒球好手鈴木一朗的話：

成果與過程是無法分出孰優與孰劣的，因為重視成果對繼續棒球運動來說，是絕對必要。但過程的必要性，並不在於棒球選手的身分，而是做人方面。

接著，鈴木一朗還說：

失敗都是有原因的。贏這種事會有碰巧，但輸是沒有碰巧的。在似乎不具備真正實力的情況下，實現某個目標，和實實在在地累積力量後做出的成果，感覺是不一樣的。

換句話說，成功有時是僥倖，根本是一個謊言，把人騙過去，以為自己是天賦聰明；這種人若是不收手，再繼續下去，終究會嘗到失敗的苦果，因為現實環境的各種困境會跟他說實話。賭徒界有一句名言，說的是差不多的意思，「贏有可能贏得不可思議，但輸是有其道理的。」

台灣棒球好手陽岱鋼也有相同體會，十六歲到日本發展，和他情同父子的高中教練平松正宏給了他三個條件：不能放假、不能帶手機、不能交女朋友，這對於一個到異鄉打拚的寂寞青少年，是何等的困難！再來就是無聊的練習，一個動作要反覆練習幾千次。但上場之後他明白了，為的是要反射性地做出毫無失誤的動作。

所以，要長期成功就不能靠奇蹟，而是長期累積的結果。也就是為了做出能重複出現的成果，必須確實地累積過程。因此陽岱鋼說：

成功，沒有不勞而獲，只有實至名歸。

這些成名作家，竟然都是被退稿大王！

在寫作與投稿的過程中，我有沒有被置之不理的情形？有！有沒有被退稿？有！有沒有文章的點閱數很低？有！很多人都很驚訝我也曾有這些遭遇，但事實上，它們都很正常。

J．K．羅琳捧著《哈利波特》書稿去敲出版社的門，被退回十二次；寫《一週工作四小時》等書，而且每本書都是《紐約時報》、《華爾街日報》暢銷榜第一名的提摩西．費里斯（Timothy Ferriss）曾被退稿二十七次。所以真相是——

成名作家，都是被退稿大王。

可見得，成功的人只不過更想成功，所以他們不放棄而已。而一般人只是不如自己想像的那麼渴望成功，以致在成功之前先放棄罷了。還記得小時候在學校學的一首歌〈再試一下〉嗎？歌詞是這樣的：

這是一句好話，再試一下；
一試再試做不成，再試一下。

這會使你的見識多，這會使你的膽子大；
勇敢去做不要怕，再試一下。

4-5 只要把履歷投遞出去，一切就明白了！

幾乎每天都有人來問我該不該離職，各種原因都有，而且都把情況描述得鉅細靡遺，足見他們在過程中受創之深，以及痛苦與在意的程度。不過，既然會來問我，想見心裡也是萬般猶豫，不知道怎麼做才好。

尤其在疫情期間，很多人更是舉棋不定，不確定辭了是不是更好，比如找不找得到工作、薪水會不會被壓低、新工作能不能適應等。

試了才會知道，光是想都是假的

這些朋友裡，有一位上班族申請轉調部門，公司卻要他跨部門兩邊做，而且不給他加薪。兩倍工作、工時超長，讓他累到不行，因此很想辭職。就在這時候遇到疫情，公司開始資遣員工，他想趁此時機遞出辭呈，卻又思前想後、腳步躊躇，主要是考慮這兩點：「找工作我有信心，但談薪水，這個時候我沒信心。」

於是，他來問我怎麼辦。老實說，這兩點是他自己想的，未必符合事實，要真試了才會知道，光是想都是假的。因此我只給一個辦法，建議他：

你把履歷投遞出去，就知道答案。

每次當我這麼說，多數上班族的反應彷彿受到驚嚇，會反問我：「可是我還沒有決定要辭職呀！」我的回答也一向是：「我沒有要你辭職，我只是說你把履歷投遞出去。」

是的，唯有把履歷投遞出去，就業市場才會給你回饋，包括這三個問題點：

一、有多少企業打開你的履歷？

二、有多少企業請你去面試？

三、有多少企業出的薪水高於你目前？

這是最殘酷的考驗，也是最真實的答案，馬上就會讓你明白自己在就業市場的定位與行情，知道是不是真能找到工作、薪水更好。至於關起門來想的，都是自己瞎猜的、都是假的。唯有把履歷投遞出去，企業的回饋才是真的，而且明白一件事：

是公司比較需要你，還是你比較需要公司？

有的上班族會因此問我：「可是我把履歷投出去，萬一公司知道了怎麼辦？」唉，這是問題嗎？首先，人力銀行有個功能，能夠鎖住哪些公司看到你的履歷；其次，擔心這擔心那，那又何必每天憤憤不平、一副想要掛冠求去的模樣？這表示你根本沒有離職的決心呀！

「我要辭職」是一句狠話，還是一則笑話？

接下來，我會請他們告訴我投遞履歷的結果；但很遺憾的，十個有八個杳無音訊。按照我在職場的觀察，多半是縮回去，沒有真的去投遞履歷。你知道嗎？通常最會抱怨公司、成天嚷嚷著離職的人，也是待得最久的人！對於這樣的人，辭職不是一句狠話，而是一則笑話。

這也是我要他們投遞履歷的原因，因為多數人會出現以下兩種結果：

一、**根本連去投遞履歷都沒有：**多數人只想吐吐苦水、發發牢騷而已，沒有真的要改變什麼，因為改變需要付出代價，而他們不想付出。

二、**投遞之後，發現不如自己想像：**要嘛沒有好工作找他們面試，要嘛有面試卻談不到好薪水，掂掂斤兩，摸摸鼻子又乖乖回去上班。

這招叫「認清現實」！因此反過來說，當一個人真的下定決心想要離職，他要做的事不是到處去詢問別人的意見，而是直接投遞履歷給新公司，讓就業市場幫他做一次「市場調查」；數字會說話，該辭或不該辭很快就會有答案。至於到處問，無非是「問道於盲」，因為別人不是你，怎麼替你決定該不該辭職？

不過，我也不是說你完全不能向別人諮詢，而是你的問題需要重組框架。問題對了，答案才會正確。

不是本意，就會猶豫

之前我讀一本書《你問對問題了嗎？》，裡面講到一個故事，一語道破重組問題框架的重要性。

有個人很喜歡目前的工作，能發揮才華與自我實現，與同事相處也融洽，唯一讓他難受的是和主管不對盤。於是他做了一般上班族會做的事，想要換工作。他是真的有行動力，跟獵頭公司談了，也找到一份好缺，可是他仍然捨不得目前的工作。

他太太知道之後，幫他重組問題的框架，告訴他：「你的問題在於換主管，不在於換工作。」

一語驚醒夢中人，你猜他接下來做什麼事？妙到不行！他向獵頭推薦他主管，把主管的優點說得天花亂墜，結果企業把主管找去上班！好戲還沒完哪，主管的缺不就空下來了嗎？嘿嘿，由他順理成章頂上去！這個一石二鳥的妙計是不是太完美了？可見得重新設定問題很重要，而你也不是非辭職不可。

換句話說，多數人想辭職的本意不是要換工作，而是有個問題卡關，跨不過去，糾結不已，便想說只要走人就一了百了；可是它不是本意，就會猶豫，然後到處東問西問，問了半天還是沒有行動。所以這時該做的是「重新設定問題框架」，而不是遇到事情就想辭職，因為最後極有可能兩頭落空——沒辭職，困境也沒解決。

比如說公司「遇缺不補」，讓你一人頂兩人的工作，每天做到歪掉，回到家只有躺平，日復一日，絕望到極點。一般人這時候會先跟公司談加人，公司一般也會表示不加人，只會安撫你，了無誠意，逼得你想要離職。可是如果重新設定框架，像是設定成「每週只加班兩天」，解決的創意就會走往不同方向。

像是以小孩為託詞，向主管說每週一、三、五小孩有事，你必須準時下班才來得及接送；但是，你承諾會在上班時努力工作，而每週二與週四也能夠配合公司加班。把時間鎖住了，天皇老爺來也不管，你就保住每週有三天能夠看到夕陽西下。

接下來，再進一步刪除不必要的工作。

所以在職場遇到棘手問題時，你可以有兩個做法，都能夠提供全新的答案：

- **不想離職的話**，那就重新設定問題的框架，考驗你的思考力。
- **想要離職的話**，那就把履歷投遞出去試試看，證明你的行動力。

4-6 一開始就要領先，不要期待逆轉勝

在我們心中，小戴永遠是最棒的，是世界的球后，即使在東奧冠軍賽輸球，沒拿到金牌。她在粉專說，自己盡力了，但是沒有球賽是完美的，她要讓傷痕累累的膝蓋好好休息。連前一天輸給她的印度辛度都跑過來把她擁入懷裡，稱讚她表現很好，只是那天不是她的局。球賽總是有輸有贏，而我們很幸運，看了一場精彩賽事。

看了小戴對中國的女子單打金牌賽，也看了前一天台灣麟洋大戰中國的男子雙打金牌賽，我有個體悟，深深感到贏球一定要贏在最前面，一鼓作氣，拉開雙方差距，用數字擊垮對方的信心，困住對方，使其備感作戰艱辛，就會再而衰、三而竭，千萬不要期待「逆轉勝」這種意外的結局。

前面落後，後面就會很辛苦

當然，沒有選手不想贏球、不想在前面盡量得分，而且過度躁進有可能造成體

力消耗，以及失誤增加，也是禁忌。同時我們都不得不承認，在這場比賽中，小戴的優異表現與堅持到底的韌性教了我們一課！一場球賽等於一趟人生縮影，我們可以從中借鏡，有所領會和獲益。

小戴第一局輸了，第二局在最後扳回險勝。到了第三局一路落後，三比十。我看的是公視轉播，這時候聽到主播說：「小戴絕對還在比賽中。」也就是輸贏未定，然後他又不斷地提醒大家：「小戴有過多次逆轉勝。」

我對體育不熟，但是對語言很敏感，這些話聽起來就是大事不妙。雖然第三局中間小戴奇蹟般地拉平比分，後來還是因為幾次失誤而讓分給對方，最後痛失金牌。整個過程，我們在嘆息中發現，一開始就落後，即使心理素質高、比賽經驗豐富的小戴都會受到影響，更不用說平凡人生中的我們。

再來回想麟洋的金牌賽，感受更深。在這場奧運雙打中，麟洋先是輸掉第一場，後來一路挺進，竟然打進金牌戰。王齊麟幾次在ＦＢ粉專說「有如做夢」，原先他們以為能打進八強就謝天謝地，哪裡知道最後拿到金牌！贏球當下，一個跪倒地上往後仰，一個往前趴倒，再度出現招牌式「聖筊」畫面，可見內心欣喜的程度。

在金牌賽中，第一局我們原本沒想到，雙方也能打到如此勢均力敵，而且還是麟洋驚險地贏了；第二局更讓人傻眼——最具冠軍相的中國雙塔，怎麼可能打得這麼差？在麟洋領先之後，雙塔幾乎兵敗如山倒，才打一半，我先生就說：「沒問題，贏定了。」

這兩場金牌賽，都是勝方一開始贏就一路贏下去，敗方一開始落後，就從此陷入膠著，打得辛苦，失誤頻仍，致使對方不是贏在攻擊，而是贏在守得好。我們都知道，在奧運能打到八強，所有選手的實力所差已經無幾，拚的是減少失誤，所以一起頭要贏，才不致影響心理的起伏。

做業績，要做在前半年

這樣的情景，職場上也是俯拾即是，諸多事實告訴我們這才是常態。當然，即使落後再多，逆轉勝也可能會發生，可惜比例相對低；而且，逆轉勝除了靠韌性、意志力，其實運氣成分很大。

但是，不論比賽或人生，都不能仰賴運氣的出現，因為不確定，無法掌握。相反的，除了平時累積實力外，也要學會管理運氣。而管理運氣的原則之一，就是「取得領先，後面才能贏得輕鬆」。

拿我這個爬山弱雞來說，以前總是最後一名。爬得氣喘吁吁，好不容易到了山頂，隊友已經休息夠了，一見最後一名終於到了，隨即下山，讓我顧不了休息，只能提腳趕忙跟上。所以以前我很不喜歡爬山，從頭到尾只有一種感覺：啥都沒看到，只是不斷趕路，無聊又辛苦，沒啥意思！

直到有一次，領隊很會介紹，所以我始終跟在他身旁，不知不覺保持一路領先，終於享受到登山的樂趣。後來我都在一起頭就走在前面，不必趕路、不會氣喘，維持步伐的節奏，都能輕鬆完成那趟山路。再看看殿後的隊友們，各個叫苦連天，不斷問：「還有多遠啊？」更讓我確定自己的做法是對的。

二〇二〇年疫情肆虐全球，台灣是模範生，守得極好，但我有個朋友在公司帶領業務團隊老覺得不安，二〇二一年第一季便想辦法拉高業績，大家都笑著說：「台灣安啦，不必拚成這樣！」一到四月，疫情破口出現，五月十五日三級警戒，他倒是老神在在，因為已經做完今年七成業績。

他說：「業績做在年頭，年尾就會輕鬆很多，不會一整年都在追業績，做到彈性疲乏。」

只剩一根陽爻，再強也弱

這個超前部署的情形，用《易經》的兩個卦——第二十三剝卦及第二十四復卦——來看最能說明。剝卦與復卦的卦象是顛倒過來，又是隔壁鄰居，不只關係密切，也代表事情的一體兩面。剝卦談的是職涯前半場，要保持領先；復卦談的是職涯後半場，要能逆轉勝，缺一不可，才能完勝全局。

剝卦是下面五個爻都是陰，只有最上面第六個爻是陽。而《易經》是由下往上推展，這表示下面五個陰爻一路逼進，已經把陽爻逼到絕路，只剩一根，再逼下去就沒有陽爻了。陰爻代表晦暗，例如比賽落後，當差距越來越大，心中的太陽就會越來越微弱，鬥志低落，無法提振，使得整個比賽落入無力可回天的局面。

相反的，復卦是「一陽復始」，代表春天來了、萬象更新的局面。它最下面的爻是陽爻，其他上面五爻全是陰爻，而這根陽爻雖然力量微弱，而且只有一根，但是它會往前推進，逼走陰爻，也就是我們在賽事中看到的逆轉勝；可是每一步都要很謹慎，不能失分，因為端靠這根陽爻，力量不夠強大。

結論來了，只有兩個：

一、凡事要贏在前面，拉大差距，也壯大自己的信心，後面就會贏得輕鬆。

二、即使落後，也絕對有逆轉勝的可能，但是每一步都要更謹慎，避免再失分。

4-7 遇見危機，主動出擊是最佳防守

讀者瑪姬最近寢食難安，問我：「老師您看，我老闆這麼做是什麼意思？」她的公司走了一位總經理，來了一位執行長，一上任就大刀闊斧調整組織，第一刀便揮向她管理的部門。瑪姬位子不動，仍是經理職，可是執行長卻安插了一名新人，要瑪姬把工作全數交給新人，由新人管理屬下，負責管理部門的業務，瑪姬改做策略規劃。

你，是不是被「架空」了？

瑪姬在這家公司工作了十多年，忠誠度極高，二話不說配合公司進行改革，而且也想在執行長面前表態輸誠，所以極盡耐心地教導新人，掏心挖肺，不留一手，就是要把新人教好教滿。

這位「新人」其實是個老手，只是一開始不諳這家企業的作業流程，以及這個

業界的運作生態，不過很快就逐漸摸熟，三個月之後便掌握全局。依照原來的計畫，瑪姬必須從主管的業務退下來，不再負責例行的管理工作，轉而從事策略規劃面。新人看似向她報告，但主要還是和執行長開會討論，瑪姬只是被照會一下，並無實際的權力置喙一詞。

屬下們也會看風向，馬上就意會到誰是當家主人，是新人，不是瑪姬，所以風吹草偃，全部倒向新人，什麼事都只向新人報告。這一來，瑪姬有如汪洋中的一座孤島，浪來浪去，沒有一個浪花是打到她身上。一天兩天還好，一個月兩個月就坐立難安，於是瑪姬問我：

「我這個情況，是不是所謂的被架空？」

「很明顯不是嗎？」我說。

可是，瑪姬已經四十五歲了，被架空時還有選擇嗎？放眼業界，經理以上的職缺目前都滿額狀態，越是高階越是不會有異動，要換工作的機會渺茫，所以她想留下來賭一把——也許執行長會比她更早走人。

你十幾年的工作，別人三個月就能上手？

「鐵打的衙門，流水的官」，你永遠不會知道，明天和意外哪個會先到來，這是很多人在碰到被公司冷凍、被主管架空、被老闆晾在一旁時，做出來的盤算。

瑪姬的說法是：「比誰的氣長。」

我問她：「萬一你比輸了，怎麼辦？」

「到時候再說，總有一筆資遣費可以領吧！」

按照勞基法，任職一年領半個月資遣費，算一算，瑪姬如果撐到被資遣，有一百萬元可以領取。但是，當窗邊族涼雖涼，久了很凍的，對於瑪姬這類以工作為生活主要重心的職業女性而言，不做事才會要她的命。

瑪姬當主管多年，也資遣過員工，明白一個道理：絕對不能啥事也不幹，否則到時候恐怕不是被資遣，而是被解雇，不要說一百萬元飛了，也毀了一世英名，沒法在江湖走跳。

「可是問題在這裡，我的工作被拿走了，真的沒事可做啊！」

「不對，問題不在『這裡』，而在你自己！」

瑪姬的工作，三個月就能教會一名新人上手，這代表什麼？工作太簡單，不具複雜度，也不具高價值，容易被取代，這才是警訊，可是她反而忽略了。看到蒼蠅就揮，卻不知道自己這塊肥肉早已腐壞；以為問題出在新人，殊不知是自己不知上進、失去競爭力、CP值過低，公司才會有走馬換將的大動作。

「那，公司為什麼不直接把我辭了？」

「跟你打的算盤一樣呀，你想拿資遣費，老闆想省資遣費。」

你碰上的是危機，還是轉機？

架空是過渡期，有緩衝時間，不至於謠言紛飛，造成人心動搖、士氣低落；另一方面也為公司保持顏面，不讓外界傳言公司把員工當作便條紙，用完了就丟，維持一個好的「招募品牌」形象。

說到這裡，瑪姬終於問到重點——她要怎麼做才能由黑翻紅，改寫執行長對她的印象，進而恢復權力、重掌部門？

所以我問她：「你明白執行長對你的期望嗎？」

「不是管好同事嗎？」

「這已經有新人來做，你要做的是再往上一階，讓你的價值升級。」

過去瑪姬只是「工頭」，管著一群埋頭苦幹的「工蟻」，做的是例行性、庶務性的工作，有一套SOP，非常機械化，這也是新人三個月就能夠接手的原因。可是現在不一樣，換了執行長，還要進行組織調整，目的就是要提高每個員工的價值，並且整合部門，發揮綜合效益，為公司創造最高利潤。

我要瑪姬想一想「怎麼幫助執行長完成這個使命」，因為這才會是她留下來的核心價值，也才藏有她鹹魚翻身的契機。其中最需要掌握的一個原則是：她要成為組織調整的助力，而不是阻力；要成為執行長前進的助行器，而不是絆腳石。這一來，瑪姬就不會被架空或一腳踢開，同時也可以讓執行長看到自己的誠意十足。

畢竟薑是老的辣，三個月之後再來找我時，瑪姬說，之前是因為害怕失去飯碗而寢食難安，現在她是發現有很多新的工作可做而睡不著覺；最後，她甚至語帶興奮地與我分享她重返寶座的心得：

一、分析主管的性格——瑪姬跟過不少主管，知道不是每位主管都要「衝衝衝」或「立竿見影」，也有走「中長期路線」的，所以她先弄清楚這位執行長的性格背景與做事節奏。

二、確認主管的期望——瑪姬依據經驗，找出幾項可以馬上著手改善的部分，與執行長溝通，請問他想優先改善哪一項，做為聚焦的工作重點。

三、與主管討論做法——就改善項目擬出具體可行的方案，和執行長交換意見，確認可以獲得的資源與人力，等於拿到尚方寶劍，瑪姬就可以揮灑自如。

你是改革的阻力，還是改革的助力？

才三個月，公司的風就吹往她這兒來了，執行長要新人在向他報告之前，先一步來跟瑪姬請益，而其他屬下也會中午來問瑪姬要不要幫忙買便當。可見得，怕的不是世界太殘酷，而是自己太肉腳。

公司要維持高度競爭力，組織調整是必要，舞台換角是常態。之所以被架空，就表示被視為改革的阻力，要做的是證明自己是改革的助力。不要坐以待斃，要積極主動，展現配合的誠意，讓新主管把自己納為圈內人，而不是被排斥在核心之外。永遠記得：主動出擊才是最佳的防守。

4-8 做出六十分的成果，遠遠贏過想像中的一百分

前一陣子，一位年過五十的女性朋友約我出來談心事，內容聽起來萬般不可思議，卻是不折不扣的事實，讓我真切地感受到，人生要成功、愛情要幸福、工作要有發展，都必須充分體認到一個道理——

不完美的行動，好過完美的不行動。

這段愛情，他等了三十年

這位女性讀大學時，暗暗心儀一名男生，可是每當眼神接觸的剎那，男生就快速移開、看向別處，顯然對她沒興趣。奇怪的是，不管到哪裡，兩人經常碰到，比如意外地參加同一個社團、意外地去了同一個聚會、意外地在餐廳撞個正著……，這麼多的巧遇，本來是欣喜的，後來變得挺尷尬，於是她想盡辦法閃得遠遠的。

畢業之後她出國深造，男生留在台灣，也就斷了音訊。上個月在一個場合卻見

到面，三十年過去，再閃躲就有些幼稚，她大方走過去打招呼，聊聊彼此近況，驚訝地得知男生始終未婚。她大惑不解，便問原因，哪裡曉得對方的回答竟然是：「我一直在等妳。」

不僅如此，三十年來男生都一直知道她的動態，包括何時戀愛、失戀、結婚、生孩子、換工作、搬家……。既然瞭若指掌，為什麼不來找她？男生說：「我想等自己更完美才行動。」

說著說著，她在我面前哽咽了，直說「早知道就好了，一切都會不一樣」，還問我：「這個年紀，可以重新再來嗎？」

我搖搖頭，接著說：「還好沒有早知道，否則跟這種男生談戀愛，一輩子也結不了婚、生不了孩子，人生活活毀在他手上，而理由卻是莫名其妙地他永遠在追求完美，來不及準備好。」不過，基於職業敏感，我也問了這個男生現在工作如何。

她說：「之前的工作不合他的理想，目前在等一個工作，不知道是不是夠完美。」

我閉上眼睛翻白眼，心裡哼一下，想也知道！

「追求完美」只是拖延症患者的完美藉口

這種人我在職場上見多了，全都是滿分主義者，骨子裡是驕傲的，瞧不起其他人，因為別人不過只是抱著「六十分及格就好」的心態在工作。可是問題來了，他們做出什麼事了嗎？也沒有啊！很多有嚴重拖延症的人，追求完美變成他們最完美的藉口，最終都成了人生的失敗者。

我曾經有個年輕男同事，在美國常春藤大學讀博士，不知道什麼原因沒讀完，不過眼界倒是維持在博士等級——我們可以一天做完的事，他要一星期。在他眼裡，任何事總是做得不夠完美，結果就是等到死亡界線來臨，還沒看到他交出來東西，我們只好跳下去幫他做了。由於時間已經壓縮到所剩無幾，難免有疏漏，他還要回過頭抱怨：

「早告訴你們，事情做好比做快更重要！」

還好我後來換了工作，否則保證去掉半條命；而過去共事五年，真記不起來他究竟完成了哪些工作。不過最近消息傳來，他得了憂鬱症，才知道到了後期，他回顧一生，感慨懷才不遇，頂著漂亮學歷做菜鳥工作，還得不到肯定，心裡不平，抱怨公司對不起他、主管不重用他、同事排擠他、客戶都不給他好臉色……。病得越來越重，直到公司跟他家人說了，才被領回家，所以到最後連工作都丟了。這個結局令人唏噓，卻是誰也幫不了他。料想不到的是，他對這件事的解釋竟是：

「這些人再亂整下去，公司遲早要垮。」

他大概怎麼也沒想到，先垮的會是他這個令人哀嘆的完美主義者。

滿分是想像出來的，根本不存在

日本精神科醫師和田秀樹完全是另一個典型，他每年以三十至四十本書的速度在寫書（我反覆看了多次，確認沒看錯，他真的是寫三十至四十本，沒有多一個零）。他說自己之所以能夠持續不斷出書，正是拜「六十分主義」之賜。

我看了他寫的《五十歲的學習法》一書，觀點顛覆，但極其有道理，令人拍案叫絕；接著我發現書櫃裡還有他的另一本書《十年後不愁吃穿的人，一年後吃穿都愁的人》，依然一刀直劈腦洞。他在後者書裡提到，追求完美根本是脫離現實，而且是個心理陷阱，他說：

就是因為現實生活中不容易得到滿分，讓完美主義者更執著於自己「想像中的滿分世界」。

也就是說，滿分是自己想像出來的，根本不存在。一旦在現實生活中挫敗了，這些人便順勢躲進想像的世界，當作避風港，再從一扇小小的觀景窗窺看現實世界，覺得在外面汲汲營營的是一群不求上進的人，只求六十分及格過關，不像他是懷抱著偉大的夢想，眺望遠方的未來。可是結果呢？和田秀樹說：

滿分主義，最後導致低生產。

日本人說話真是婉轉，意思是完美主義者走到人生終點，很可能只換來蓋棺論定的四個字：「一事無成」。相對的，在這個時代，六十分主義者反而容易成功，和田秀樹分析出三個原因：

一、嘗試的次數：六十分主義者不挑剔工作，什麼工作都做，嘗試越多，成功次數跟著越多。滿分主義者對於工作東挑西揀，嘗試得少，成功次數當然少。

二、工作的持續力：六十分主義者的重點不放在難以企及的品質，而是放在準時交件，由於容易過關，一件一件地完成，工作起來不會停頓。滿分主義者則容易卡關，最後拖延成性，交不出件，一切努力歸零。

三、重點的掌握度：六十分主義者由於工作多，做事優先抓重點，而滿分主義者工作少，對於抓重點不迫切，容易往細節去鑽牛角尖，就會見樹不見林，反而失去方向，事做對了，做的卻不是對的事。

完成，比完美更重要

當然，和田秀樹並非要我們偏廢品質或細節，而是要提醒完美主義者，寧願準備六十分就往前衝，先做出來，看看市場反應，再來調整修改。現在流行的「精實管理」，或中國大陸倡導的「小步迭代」，都是在強調：這個時代，最重要的是在對的時間做對的事，掌握時機之後再來把事情做對，追求品質。

所以，「完成」比「完美」更重要。完美主義者不再偉大，還可能是進步的絆腳石。如果你是不可救藥的完美主義者，小心會被時代日新月異的腳步遠遠甩在背後！

4-9 職場上，誰敢裝、會裝，誰就贏！

來上我的斜槓課程的都是上班族，比起下班後做斜槓，他們最關心的仍是工作的發展。

有一天，下課後照例大家又圍成一圈，其中一名學員是台成清交這類頂尖名校的研究所畢業，讀的是最熱門的財金，卻在科技業做採購，雖然還算勝任，但是並非興趣所在，而且負責的是日常行政，讓他擔心不具發展性。

我頗為不解，既然如此，怎麼不去金融圈，學以致用且「錢」途看好？

他解釋：「我是推甄進研究所的，不像其他同學是考進去的那麼優秀。」

「那又怎樣？」

「就覺得自己沒有資格進金融業……」

所以……就要放棄自己最愛的財金，去做自己不愛的採購？

這樣的邏輯令人難以理解，可是依照我的觀察，這種人多的是！

我也曾經是個「冒牌作家」

我有位朋友的兒子，情形一模一樣，非得上台大不可，第二年重考才上，照理說應該歡天喜地，反而得了憂鬱症！理由差不多，其他同學第一次就考上台大，自己是第二次考上，自慚形穢，覺得不如同學聰明優秀。坐在同一間教室上課，好比魚目混珠，是個冒牌貨，坐立難安，無時不刻都想奪門而出，久了就精神崩潰，沒法去上學。

不要說年輕人有這種「冒牌貨」的心情，連我年逾五十也有，還足足冒牌了三年。

話說二〇一五年十二月八日，這個日期意義非凡，是個人歷史上很重要的一天。當天我決定開始寫作，於是開了ＦＢ粉專，首先ＦＢ會要求勾選身分類別，我想勾「作者」，可是左看右看，找不到「作者」選項，相類似的只有「作家」，心想我算哪根蔥，何德何能跟作家沾上邊？

我急得冒大汗……到最後真的沒得選，無奈地勾了「作家」。那一刻面紅耳赤，丟死人了！一篇都還沒寫，連作者都稱不上，就先自稱是作家，網路無遠弗屆，這不等於跟全世界宣告，我扯了一個天大的謊嗎？所以每天打開ＦＢ時，看到勾的作家，只有一個念頭——躲起來！

跟朋友見面時，大家問起近況，我只是囁嚅地說：「現在嘗試寫作看看。」當中總有一些愛開玩笑的，就會嚷嚷：「你要當作家嗎？」這時候，我一定兩隻手搖得像博浪鼓似的，羞紅了臉說：「沒的事，寫寫而已。」不過我也注意到，其實沒有人在意這件事，因為在當時，誰會想到我可以寫出名堂？

你我他，誰不是在裝呢？

後來出了書，有人會介紹我是「作家」時，我都還很彆扭，心想才出一本書就稱為作家，未免太高攀，很不好意思，老想著要找個地洞鑽進去。一直出到第五本書，已經過了三年，別人喊我是作家才自在多了。至於自己要寫身分時，仍舊沒法寫出「作家」二字。這是什麼感覺？

就是「我不配」！

很多人都有這種「我不配」的心結，像是有件任務表現得不錯，獲得讚賞，第一個反應總是「沒有啦」、「哪有哪有」、「我只是僥倖」、「其實誰誰也不差」、

「這是誤會啦」；當有機會升遷時，雖然忍不住喜悅，心裡仍然冒出一連串的問號，像是「我行嗎？」、「我有資格嗎？」接著就是無窮無盡的擔心：

「萬一對方發現我根本沒那麼好、不夠條件，是個冒牌貨，怎麼辦？」好像自己是個騙子，害怕被識破，發現能力被高估。這種心理狀態，自一九七八年起有了專有名詞：「冒牌者症候群」，男女都會有這個現象，女生尤其多。而這些人有個共同特色，都比別人加倍努力，因為他們老是憂慮自己不夠好、恐懼被看破手腳。問題是，不論怎麼努力，心裡還是漂不了白，無法自我感覺良好，認定自己徹頭徹尾是個冒牌貨！

有一次，我跟一位知名作家聊起這個心情時，他淡淡地說：「我曾經也是！到現在偶爾也會！」我楞住了，很不解呀，他寫得既好又勤，大家都肯定他的江湖地位，不至於吧！他聽了，反過來盯住我的雙眼說：「別人也是覺得你寫得既好又勤，你也不必覺得是冒牌貨呀！」

他這是在告訴我什麼？

很多人心裡想的，根本不是事實！只是一個自編自導的小劇場，純粹是自己想太多！

誰不是在裝呢？

我突然醒過來，環顧周遭，這才發現不論成功者或平凡人，多數都有「冒牌者症候群」，是一個普遍存在的人性。這就奇怪啦，同樣是冒牌貨，有些人看起來氣場十足、捨我其誰，有些人卻老是一副怯懦模樣，永遠在說不敢當、我做不來，怎麼會差這麼多？後來我就花時間去觀察，最後歸納出這兩種人之間的差別：

- **誰會裝，誰就贏！**
- **誰裝得更久，誰就更像！**

有一位年輕人獲得升遷，他既感到榮耀，卻又深怕做不來，想要拒絕，對老闆說：「我的經驗不足，不像主管啦！」他的老闆只回他一句：「裝久了就像。」是啊，有哪個主管是一生下來就當主管的？有哪個主管不是從冒牌貨開始裝起的？重點是要敢裝——誰會裝，誰就贏；誰裝得更久，誰就更像。

像不像，三分樣

沒錯，就是「裝」這個一字訣，決定一個人看起來像是冒牌貨，還是正牌貨。職場上，每個人都在裝，沒在裝的早就被淘汰！老闆要裝得像老闆，主管要裝得像主管，員工要裝得像員工，大家心裡當然都會時不時飄過一絲「我是冒牌貨」的不安，不過還是要裝得和職位相稱，目的無他，就是贏得別人的信任。

難道會裝的人就不會覺得虛假或彆扭嗎？也會！可是為了對得起被賦予的責任，這些彆扭一點都不值得一提。相反的，冒牌貨不想裝得像，老在心裡糾結不已，反映的雖然是「我不配」的心理，但是真正原因是不敢下承諾、勇於任事、扛起職位或頭銜，負起應負的責任。

所謂「像不像，三分樣」，管理界說的「當責」，也不過就是「做什麼像什麼」這回事，所以只是「幾分像」的差別而已。今天起，請拿掉冒牌貨的心態，一路裝到底、裝到成功為止吧！

第 5 章

膽子大一點，握住人生主導權，持續成長

人生是場馬拉松，在奮鬥的路上，一個人走得快，一群人走得遠。
面對職場，你需要來點政治味，要有政治頭腦、政治手腕，還要拉幫結派、政治結盟。
千難萬難，職場的人際關係最難，扭轉環境，才能化阻力為助力。
你要會救火，也要會失火；要會聆聽，也要會溝通；要能立即反應，也要懂得延遲判斷。
著眼自己的能力，以及未來能改變的事，把人生主導權握在你手裡！

5-1 奮鬥的路上，你有嚴格而溫暖的朋友嗎？

我想，我的身上一定散發出一股獨特的氣息，那就是「我很受教」。人只要到一個年紀，就不太有人會跟你說真心話、給你批評指教，因為他們擔心得罪你。所以多半的人到了這個時候，就不太改變與成長，看著別人一個一個跑過他的身邊。

我不同。

經常有朋友會來對我說：「雪珍，妳這樣不行，得改一改。」

我都會說：「好，沒問題，我來想想怎麼改。」

願意指正我的朋友，至少就具備了「被討厭的勇氣」，所以我應該感謝他們不是嗎？而且我發現，喜歡批評指教的人有一個共通性，都是熱情與直率的人，對待朋友既嚴格又溫暖，該要求你時，一定最少開口說上一兩句；該支持你時，也一定出手拉一把。

我為什麼會服氣？不僅因為他們的勸說有道理，也因為他們對自己更高標、更嚴格！見賢思齊焉，我還有什麼好說的，就改正啊！

嚴以帶人、苛以律己的好老師

A是個名師，在知道我有開辦線上課程的想法之後，二話不說就伸出援手，設計一個系列，親手撰寫說明簡介並錄製音檔，在網路上行銷，並把我引薦給他辛苦經營十六年的學生群。當在我講課時，A還配合我的進程，負責一張一張上傳簡報檔。下課之後，A再把課程音檔上傳到其他平台，經營新的通路。

這些事都非常耗工，但他仍然不厭其煩地一項一項完成，是不是很溫暖而讓人感動？不過他要求我必須修剪音檔，我嫌這件事太瑣碎，打算外包給工讀生處理，A馬上表示反對，要求我自己來做，因為：

「你要一邊修音，一邊反覆聽你的優點與缺點，一一改善，這是基礎功，省不得。」

於是我乖乖去修，一小時的音檔從上午七點修到晚上十點，修到我眼睛都花掉，苦不堪言，不過倒也讓我抓出九項必須改善的地方，不得不承認這個苦功下得真值得。哪裡知道，A聽了我修過的音檔並不滿意，出手幫我再修一次，並且跟我說：

「十六年了，我也是這樣一步一步走過來，腳踏實地，就深怕踩個空、沒走穩。」

A經常一個人在工作室沒日沒夜地修音，修到天昏地暗，一邊修音，一邊記下改進之處，就像繡花一樣，用細功把講課的功夫一天一天往下扎深。因此A並非在刁難我，而是他對成品的標準就是訂得這麼高，對自己的要求也是如此嚴格，十六年如一日。

B是我的同學，經商有成，兩岸三地都開了公司，生活上「往來無白丁」，都是社會頂尖人士。我應該是其中最不起眼的，可是他對我照顧有加，不只經常Line經濟與就業的資訊給我，也會在我被網民群轟時，第一時間跳出來給我加油打氣，提醒我堅持做自己，說該說的話，走出獨特的風格。

參加同學會時，他知道我的個性不多話，會主動幫我提個話頭，把我推出去，讓大家注意到我，給我讚美與掌聲。比如他會跟大家說我出書了，而且登上暢銷榜，內容清新好讀，觀點獨到犀利，他常常會購買來送給年輕人一讀。這麼一來，大家不僅會舉杯向我恭賀，也會開始找我談寫作或出版的相關話題。

不過，有一次我寫了文章批評到某位政治人物，他則嚴格地要我以後不要再碰政治性議題，免得誤踩雷區而傷到自己。還有他也嚴格「規定」我必須回覆每位讀者的留言，珍惜每個留言背後的心意，我也是從善如流，這應該是我的粉絲黏著度居高不下的原因。

為什麼你的朋友不敢給你提意見？

不論是鼓勵或指教，朋友就是朋友，都是出自最真誠的好意，為了我好，所以我不只馬上回應、表達感謝，也會立即改善。展現出來的態度，既虛心受教，又勇於改進，誰都願意給這樣的人最客觀中肯的建議，這使得我擁有越來越多既嚴格又溫暖的朋友，一天比一天進步。

可是你想想，給建議是一件困難的事，可能被討厭，甚至可能失去朋友，一般人並不想付出這個代價。以下這三種人，在奮鬥的路上，由於心胸不夠開放、聽不進意見，而一個人踽踽獨行，難免孤單無助，縱然有再高的才華與能力，也可惜了一身本事。

一、自尊心太高，自信心卻太低

這樣就會以為對方是在批評自己，自尊心受傷，玻璃心碎了一地，不是眼淚潰堤，就是情緒反彈，對方自然不敢再給建議。

二、完美主義者，無法接受瑕疵

這樣的人，總是希望在別人眼裡，自己不論做事或做人都永遠完美無瑕，所以當別人指出缺點時，自然無法接受，就會急於辯駁，想要證明自己，讓對方感到窘困或詞窮，下次就會選擇閉嘴不說。

三、自我要求低，不想精益求精

說穿了，這一類人就是一個「懶」字，做任何事只求差不多、過關即可，缺少自發性的動機追求更上一層樓。都這麼懶了，別人何必費事，當然也會懶得再提。

一個人走得快，一群人走得遠，人生是場馬拉松，在奮鬥的路上，你需要既嚴格又溫暖的朋友相伴同行——前提是，你必須是一個朋友認為給得起意見的人。

5-2 在職場聰明說真話，展現份量

我在ＦＢ有個社團「寫作變現教室」，有一天，有個上班族來投稿，說他去年被工作十年的公司給辭了，理由是他開會時講真話，鋒芒畢露，得罪太多人，所以公司從上到下集體排擠，把他逼走。文如其人，我看他的文字直白不拐彎，毫不修飾，大概可以揣測出他在職場的行事風格。

可是，說真話真的不好嗎？其實不然，你只要改變說話方式，學會我的兩個填空題，就不會再陷入「要不要說真話」的困境裡：

- 第一個填空題：教你表示你有在聽對方說話。
- 第二個填空題：教你說出真話卻不得罪對方。

說真話，有人際風險

要不要說真話，是多數人在職場都會遇到的天人交戰。有個年輕人來找我諮詢，提到在公司無法講真話的痛苦，明明看到有些提議不可行，所以嘗試表達意見，但是人微言輕，不敢太過強烈，擔心得罪人，只能輕輕點到，結果意見並未被採納，讓他很挫折。眼見事情一路錯下去，他質疑自己沒有做對的事：

勇敢說出真話！

在說與不說之間，我們有很多的擔心害怕；就算決定要說了，也會對怎麼說、何時說感到猶豫不安，這使得多數人最後都選擇不說。而不說好嗎？老實說，根據哈佛商學院教授艾美．艾德蒙森（Amy C. Edmondson）《心理安全感的力量》一書，的確比較沒有風險，反而是說了要冒風險，而且是我們最不敢冒的一種風險，那就是──人際風險！

個體心理學派創始人阿德勒說，所有的問題都來自於關係，日本研究者岸見一郎、古賀史健還因此合寫了一本《被討厭的勇氣》。可見得在人際關係中，我們之所以有很多莫名的焦慮、帶來高度的壓力，不少源自於擔心別人討厭我們。其中，

「說真話」更是最有可能被別人討厭的原因之一。更何況被老闆、主管或同事討厭，而他們決定我們的職場前途。所以多數人在職場都選擇——明哲保身。

抱持這樣的態度，久而久之會讓我們成為兩種人：

如果不是麻痺無感的機器人，就是有罪惡感的偽善者。

個人性格與企業文化的惡性循環

不論成為機器人或偽善者，我們都不喜歡這樣的自己，因為任何人都想要有所貢獻。因此即使繼續留在公司，情感上都會跟公司漸行漸遠，久了不是在工作上不積極而為，就是心裡有一股怨氣，想要離職他去。因為工作要做得開心，就是要有參與感，才能融入工作環境，受到肯定，形成良性循環。

之所以形成這個惡性循環，主要是個人性格使然，比如膽小怯懦；其次是企業文化、管理風格造成，讓員工不敢暢所欲言，造就一個不健康的職場環境，反噬的是企業的生產力。當一家公司開會時，如果大家都沒有意見，或是一面倒地支持老闆，表面看似一派和諧，骨子裡卻是危機四伏，很多問題不被看見或提出。

有一回我在線上為企業做內部培訓，主題是「職場溝通 UP」，不僅滿意度極高，大家也學到馬上能夠應用的方法，效果立竿見影。另外，我也到上市企業講過「向主管報告」，他們的董事長非常讚許我的看法與做法。為什麼？

因為我就是個膽小型員工，可是又很想講真話，所以我知道上班族的痛點，以及突圍的方法。

首先，你得先了解自己的溝通風格，以及主管偏好的溝通模式，這需要花時間解釋怎麼觀察。先講開會，當你不同意某人提出的看法時，怎麼說會最好？很重要的一個原則是先讓對方知道你有「仔細聽」他的意見，而且「聽懂了」，然後用技巧表現出來，才會讓對方感到你有誠意，聽得進你不同立場的陳述。

聆聽有兩種，讓你從找碴變知音

你想想看，在會議中被質疑或反嗆時，你心裡的ＯＳ是不是「他根本沒在聽我講什麼，只想講他的」？這使得很多爭辯流於各說各話，無法聚焦。怎麼讓對方感受到你有在仔細聽呢？給你兩個原則：

一、表現出你有「理解性」的聆聽：也就是說，你有感受到他的心情。

二、表現出你有「積極性」的聆聽：也就是說，你有聽懂他的意見。

就此而言，我有個簡單的溝通方式如下，是個填空題，在任何情境都能簡單套用：

第一步，理解性聆聽：

我看得出來，你很＿＿＿＿（說出對方的感受，比如生氣、難受、開心等）。

第二步，積極性聆聽：

我有注意到你提到＿＿＿＿（說出對方剛剛的關鍵字，比如改變流程等）。跟你確認一下，你的意思是不是＿＿＿＿？（說出對方的重點，比如想要做促銷等）。

掌握這兩種聆聽的原則，當對方一聽，便會有如獲知音的感受，跟你同一國，哥倆好了起來，卸下防衛的盔甲。心情對了，事情就對了，便能夠聽進你的意見。

表達意見時，請用「三明治溝通」

好，接下來你要切入正題——表達不同的意見時，該怎麼說？我一向推崇「三明治溝通」，有三個原則：一、認同對方；二、說出自己的意見；三、請求對方展開行動。

實際的作法，不妨試試以下這個填空題：

第一步，認同對方：

我很認同你剛說的＿＿＿＿＿。這一點很有說服力，因為＿＿＿＿＿。

第二步，說出自己的意見：

我也有個想法：＿＿＿＿＿，理由是：＿＿＿＿＿。

第三步，請求對方展開行動：

我們就這麼做：＿＿＿＿＿，你看呢？

少用「但是」，多用「而且」

其中第二步要特別注意，不要說「但是」、「然而」、「不過」這些字眼，它們讓人聽起來很不舒服，覺得你說了半天，無非就是要全盤否定前面的認同，非常虛偽！如此一來，怎麼會聽進去你的意見？你要用的字眼是「同時我有個想法」、

「而且我有個補充」，表明態度是來「一加一大於二」的，有建設性，不是來搞破壞。

這個手法運用的是即興話劇裡的最高原則：「Yes,…and…」，幫助對方的意見更成熟、更周詳、更務實可行。相反的，用「Yes,…but…」會覺得你是來踢館的、打臉的，誰都不歡迎，不是嗎？

說什麼的確重要，怎麼說更重要。而且不需要違背良心或拍馬屁，照樣可以讓對方心服口服，顯示你的專業，贏得尊敬，讓事情順利推展開來。

5-3 不要把時間浪費在無法控制的事上

這實在是太巧合了！

有一天，我的學生剛剛傳訊息跟我說他今天發生的一件事，結論是「不要把時間浪費在無法控制的事情上」，其實一個小時前我也發生差不多的事，也是這麼告訴自己。

那天下午我先生出門去銀行辦事，沒多久銀行來電話提醒要帶證件，我轉頭才發現我先生沒帶手機，無法通知到他，於是趕緊衝出家門去找他，沒想到碰的一聲門關上了，而我穿著短褲，趿著拖鞋，身上沒有鑰匙，又非得找到我先生不可，卻是沒追上……這下子尷尬到不行。

分離課題，就能化解情緒

我老實說好了，我很在乎浪費時間這件事，也很在乎原來安排好的工作沒法完成，按照以前的脾氣，老早就搥胸又跺腳，嘴巴再碎念兩句。但那天我居然情緒平靜，告訴自己，算一算先生去銀行來回，大概是一個半小時，雖然少了一個半小時在工作，但是同時也多了一個半小時，應該來做點什麼呢？

靈光一閃，想到對街的萊爾富地下室是一整個用餐區，有冷氣，就去那裡看看雜誌吧！結果空無一人，我安靜舒服地看了兩本財金雜誌，充電不少新知，內心非常感恩。再回家時，先生已經回來，我也順利進了家門。

雖然我年紀不小，但是修養部分還有進步的空間，這次我挺滿意自己的表現，發現自己可以做到「分離課題」，將「無法控制的部分」與「可以控制的部分」分離，比如說：

- 被關在門外，進不去家裡是已經發生的事，它是過去式，一個半小時內無法改變，屬於無法控制的部分；可是未來有一個半小時，我可以做點別的事，屬於可以控制的部分。
- 門不小心關上，這是意外，屬於無法控制的部分；但是情緒好壞，這是自己可以管理的，屬於可以控制的部分。

對於「無法控制的部分」，就只能歸諸於事實，唯一能做的事就是「放下」；對於「可以控制的部分」，則歸類為問題，唯一能做的就是去「處理」。當生活中有些事發生了，不見得都是大事，但即使是瑣碎小事，也會使得我們的心情難免受到波動，氣惱或傷心，其實花三秒鐘迅速歸類，就有助於冷靜下來，重歸理性。

減少情緒成本，生活就會多出盈餘

我學生今天發生的事情也很類似。他住在廠區宿舍，每月網路都會斷一次，今天又斷了，管理員回答維修人員明天才會來，他整個情緒大爆炸，因為原來預計要做的事就得停擺。可是由於最近看一本書，作者有句話影響到他，使得他很快就轉念了。

這位作者，就是國際上網際網路名人蓋瑞・范納洽（Gary Vaynerchuk），同時也是連續創業家、演說家，更是《紐約時報》最暢銷的作家。有段時間裡，就算他是 Twitter、Uber 最早的投資人，網路上仍有人罵他騙子、爛人，不過這些話都不會傷害到他，因為他早就習慣了。他在著作《我是 GaryVee：網路大神的極致社群操作聖經》裡，就是這麼說的：

不要把時間浪費在無法控制的事情上。

這位學生想到，廠區沒有網路又怎樣？他還有手機與筆電不是嗎？於是他走到對面的星巴克，繼續未完的工作。雖然整家店座無虛席，他必須緊挨著別人，但是網路飆速更讓他心情愉快。

這些不順心的小事，是不是像燉煮的雞湯裡的水泡，在生活中不時冒出來，把我們的行程打亂、心情攪成一團？如果能夠減少這些情緒成本，生活就會多出盈餘，讓人感到豐收與滿足。

已經發生的事，再追恨也於事無補

以前碰到生活中的意外狀況時，我也經常隱忍情緒，以為事情會隨著時間過去，結果後來都累積成情緒黑洞，好大的一個窟窿，怎麼補都補不滿。

現在我改用「分離課題」的方式來面對，比較快速想通，也容易做到轉念，並有力量去改變現狀，覺得自己是個理智的人，不再受小事或情緒牽動與糾結。二分法最簡單，把事情分成左右兩撥，對於左邊這一撥「不可控制的事」就用平常心去面對，對於右邊這一撥「可控制的事」就盡心盡力去處理。

近幾年來，越來越多人都會將自己的現狀歸責於原生家庭、成長過程，這確實是很重要的自我探索，可是在了解原因之後，不需要花太多時間滯留在原地，因為已經發生的事再追恨也於事無補。過去決定現在的我們，可是未來由現在決定，所以不妨著眼在自己有的能力，以及未來能改變的事，把人生主導權握在手裡。

歸納起來，事情的可控制或不可控大致可以這麼分類，歡迎參考：

一、過去的事是不可控制的，未來的事是可控制的。

二、別人的事是不可控制的，自己的事是可控制的。

三、外在的環境是不可控制的，自己的心境是可控制的。

5-4 想要打破天花板，妳得培養「政治腦」

經常有女性來問我怎麼獲得升遷，而她們的著眼點，都在於如何提升能力、如何做出績效，或是如何被老闆看見……。我得說，如果目標是升小主管，這些都很重要；但是如果要升大主管，這些都不是最重要。依照我對職場的觀察，升小主管靠實力，升大主管靠政治。可是女性最弱的地方就是政治，這才是升遷的困難所在。

妳不是沒有能力，而是沒有政治腦

我有個女同學在矽谷當資訊工程師，每次回台灣都會抱怨同部門的印度同事，說他們很會抱團，一個人進來公司，沒多久就會拉另一個同鄉進來，兩年過去，整個部門都是印度男性，只有她一個台灣女性。而我同學學習很猛、工作很拚，可是升遷、加薪的都是印度男性。

事情主要是她在做，但她勢單力薄，他們人多勢眾，她還要回過頭來討好他們，深怕被排擠。最後她的結論居然是：

「我的英文沒有他們好。」

怎麼可能？她在美國已經三十年！這反映出女性慣有的職場思維，毫無政治意識，而且習慣單打獨鬥，當然寡不敵眾，難以勝出。

有關職場政治，我讀過不少文章，其中有些是鼓勵女性不要排斥政治，才有機會在男性主導的職場享有一席之地，但是，最近在線上「想映電影院」（Joint Movies）看到的法國電影《決戰事業線》，是我第一次看到從這個角度來探討——女性要爬上高位，是靠女性的互助。

這個觀點非常具有顛覆性，因為一般人都以為「女人的敵人是女人」，怎麼是靠女人幫忙呢？這是這部電影最耐人尋味的地方。

有了mentor，為什麼妳還是無法升遷？

去年底，《哈佛商業評論》有篇文章與這個主題相呼應。這家美國管理顧問公司所做的研究發現，很多女性想在職場上脫穎而出時，都學會找一個或多個導師

（mentor）或教練（coach），在能力提升或職涯布局上提供她們很多實質有效的建議，男性未必在這方面著墨甚深，但是作者問道：

最後為什麼女性升遷仍有瓶頸，坐上高階主管或 CEO 位子依舊遠遜於男性？

接下來，這個研究提出的結論大出我意料之外，卻是深表贊同，簡直是大開腦袋，太有洞見了！

研究發現，原因出在這些導師或教練給的是技術，卻不是人脈，也不是機會。研究指出，如果想要升遷到高位，女性要學男性進入核心人士的小圈圈，因為他們才是升遷與否的決策層，由他們裁示要不要給妳升遷機會。

可是對男性而言，進入核心是容易的，女性卻異常困難。為什麼？因為核心都是男性呀，男性之間很容易一兩句 men's talk 就拉近距離，更何況男性「天生」懂得政治，知道升小主管靠實力，升大主管靠政治，而政治是管理眾人之事，所以重要的是接近人，而這個人必須能做決定。但是，很少女性意識到這點。

就算妳意識到了，有決策權的男性會給誰機會？是男性，不是女性。這也使得男性一進到職場就懂得選邊站，靠近有權力的人士，組成聯盟，壯大自己。

男人不幫妳，就靠女人幫

在職場，這種小圈子有如美國大學裡的兄弟會，女性止步。女性再有能力、再努力、再有績效，只會讓兄弟會更加團結，更加排除異己。就算為了兩性平權的政治正確，也頂多只給到副手的位子，絕對不能讓女性爬到男性的頭上。

問題浮現了：核心圈裡盡是男性，他們握有升遷的生殺大權，卻傾向拔擢男性，女性如何有策略性地解開這個死結？

答案，就在這部法國電影《決戰事業線》裡。一般人最認得的女性主義者是西蒙·波娃，她是法國女性，可見得女性主義在法國的論述既前衛且深刻。電影裡有個女性組織，領袖是阿蒂安，她想要帶動更多企業升遷女性，認為唯有插旗名列前茅的大企業，當上CEO，才能風行草偃，有助於推動社會風氣，逐漸願意大膽任用女性。

阿蒂安看上女主角艾曼紐，艾曼紐實力高強，為公司解決不少危機，但是她的CEO最多只想讓她坐上老四的位子。阿蒂安告訴她，男性能夠升上高位，是因為有互助意識，男性幫男性，拱一個人上台之後，大家利益均霑，雞犬升天。這個女性組織也會運用互助，協助她拿下總裁位子。

艾曼紐說她不相信女性會互助，阿蒂安則教育她：「這無關『相信』，而是關乎『政治』。」

女性必備三個政治腦

這個女性組織裡人才濟濟，各有資源；有人擅長媒體公關、議題操作，有人具政治淵源、人脈深且廣……，大家有志一同，各自分工，為了拱艾曼紐當上CEO而奮戰到底。過程中遇到另一派角逐力量，對方都是男性，無所不用其極，傷害艾曼紐的家人與同事，導致理性冷靜的艾曼紐崩潰大哭，一度差點放棄。

後來艾曼紐思及，若是企業被掏空，將有一萬名員工失業，決定與女性組織裡的夥伴們繼續打這場機會渺茫的聖戰。相反的，男性對手為了圖利自己，拱出傀儡，打算繼續掏空公司。電影透過這個正義與邪惡的對比，反映出一個兩性的差異，女性傾向為利他奮戰，從理念出發，用理念感召眾人、團結彼此，做為努力不放棄的精神力量。

看起來，「想映電影院」獨家播出的《決戰事業線》，嘗試拋出三個解決方案：

一、女性想要升遷，必須認識政治，進入核心圈子。

二、女性想要升遷，男性未必會幫忙，女性可以是結盟的夥伴。

三、女性想要升遷，奮鬥路上孤單且困難重重，必須有崇高的理念支撐。

想當廚師不能怕廚房熱，當個上班族更不能怕政治髒。面對職場，你需要來點政治味，要有政治頭腦、政治手腕，還要拉幫結派、政治結盟！

社會不黑暗、組織不邪惡、政治不骯髒、權力不墮落，重要的是你怎麼運用它們。女人的敵人不是女人，而且女人的朋友多半是女人，聯合起來力量大，這就是女人學習政治的第一步。

5-5 你的學習是在自我安慰嗎？

幾年前，我的職涯諮詢個案小郭有了離職的念頭，因為公司來了新的副總經理，負責小郭的部門，可是兩人不對盤。凡是小郭的專案，這位副總不僅徹底盤查、一改再改，最後尚且責怪他拖延，耽誤公司的目標達成，這讓小郭備感委屈，不想再待下去。

隨性學習，只是在浪費時間

與主管互不順眼，原因錯綜複雜，一時半刻解決不了。於是我問小郭接下來有什麼打算，只見他眼睛一亮，興奮地告訴我，他這兩年先後考取領隊與導遊的執照，也許是一條路。

「你想帶團？」

「是啊，我對旅遊有興趣。一邊工作賺錢，一邊環遊世界，多棒！」

一聽就知道，顯然他是個大外行！又是一個被「環遊世界」這個夢想沖壞腦子的人，必須用力把他搖醒，於是我劈頭問他，知道怎麼開始帶團嗎？

「簡單呀，去旅行社應徵。」

「你知道領隊與導遊沒有底薪嗎？」

「那要靠什麼活？」

「日薪加小費！」

聽到這裡，小郭沉默下來，眼睛不再閃閃發光，還一邊碎碎唸：「早知道就不考，花時間、花力氣，還花錢。」奇怪，難道報考之前，他沒有實際去了解這兩個職務的工作內容、賺錢方式嗎？小郭搖頭說沒有，之所以報考是因為自己的英語好、歷史強，憧憬旅遊，自認考取不是難事，不多想就去考了。

沒想到，真要拿這兩張執照來轉職時，小郭才愕然發現，一切都不如他原來想的那樣，他拍拍腦袋笑自己：「我太天真了！」

「你不是太天真，你是太隨性。」我說。

很多人的下班後學習都是這個樣，沒頭沒腦去學了，砸下大筆金錢、投入龐大時間，好處是每天都過得充實而快樂，覺得自己不是只有上班下班、行屍走肉而已，還幹了點正經事，是有靈魂的，對得起自己的良心。說起來，對他們而言，學習是一針安慰劑，證明自己還有上進心。

胡亂學習，不過是給自己打安慰劑

這種心態，和醫生給病人吃維他命、卻說是藥丸沒兩樣，稱為「安慰劑效應」。他們是標準的「我學故我在」，最愛說的一句話是：

「我就是喜歡學習！」

可是，如果學而不用，再喜歡也沒用，根本毫無學習效果。想想看，過去花了多少冤枉錢學這學那，最後呢？只要沒用上，一定全部丟到後腦勺八千里遠，一項也記不得。因此學習要有效果，必須通過三個階段：

一、學了之後，要用嘴巴說一遍

二、說了之後，要教導別人一遍

三、教了之後，要自己去做一遍

多數人都是「光學不練」，未做到這三個階段，結果通通白學，最後都忘光光！

當然，學習也可以只是陶冶性情，可是下班後的時間很短、精力有限，與其學「一定忘記」的東西，還不如學「一定有用」的東西，考量到時間與金錢的「機會成本」，進階到「聰明的學習」。

同樣是考取領隊與導遊，豐美是另一個例子。她是我的昔日同事，任職業務主管二十多年，收入頗豐，加上懂得抓時機置產，在台北、上海、東京都有房，是個十足的小富婆。不缺錢嘛，五十歲一到辦理退休，決定只做自己喜歡的事，像是旅遊，也去報考領隊與導遊。

接著，你猜她做什麼？

學習，要帶目的、有方向、能實做

不騙你，她真的去應徵旅行社的助理職，而且乖乖做了兩年。坐在隔壁的「小妹妹」對於她不諳電腦平台的使用，經常露出一臉嫌棄的神色，殊不知這位「大媽」根本不在意！她不是來交朋友，是來「摸底」的。內勤兩年後，豐美摸熟行業的生態，抓到要領，掌握狀況之後，你再猜她下一步要做什麼？

滿五十二歲時，辭呈一丟，帶團去了！

老實說，我們萬般難以想像，這位身價不菲的大媽是怎麼忍氣吞聲服務客人的，不過從她的 FB 不時看到她飛這裡飛那裡，應該是勝任愉快，沒得罪客人才是。即使如此，難得見面聚會時，仍然不免吐嘈她一把年紀還帶團，不怕骨架子散掉，只見她嘴巴一撇，回敬我們：

「考照不帶團，是考假的嗎？」

說得極是！不過很多人的確是學假的、考假的，不打算玩真的，非常隨性。如果你也是這種人，不妨稍做調整，讓學習有目的、有方向、能實做，理由有二：一方面學習有效果、有成就，就會越學越專業，讓人刮目相看；二方面當有朝一日需要時，可以靠這些學習來的技能轉職，拉出生涯第二曲線，為自己掛上一層生涯安全網。

一、學習要有目的性

這是從生涯規劃的角度出發，將學習與生涯掛勾，具備連結性。生涯不只是工作，也包括健康、理財、社交等。不妨具體想像五年後的自己，站在哪裡、過什麼人生、在各個層面需要具備哪些能力。

二、學習要有方向性

這是採用「以終為始」的規劃方式，以三年或五年為終點，倒推回到現在這個起點，去想像為了要到達終點，在兩點之間，每隔一年豎立一個里程碑，要學習什麼才能完成這個小目標。這會讓學習變得有方向性，不至於亂學一氣。

三、學習要有實做性

學習之後，一定要用得上。上班若是沒空，不妨利用下班時間。常言道：「書到用時方恨少」，唯有不斷試錯，才知道哪裡不足、哪裡需要補強，藉以調整學習的項目。小試等於磨練，越是打磨，越是強大，成就感便會大大提高。

學習固然是好事，重點仍要放在能夠用得上，才算是學得透徹，能夠幫助自己在工作上更具競爭力，有機會升遷、加薪，或是在下班後從事斜槓，有第二份收入，就會學得更帶勁、更有效果、更有成就！否則，十學九不成，不過是花冤枉錢、浪費寶貴時間罷了。

5-6 別被自己的能力給綁架了

某天上完斜槓課程後，有學生來問我，老闆想要調他到另一個部門，而他不想去，卻不知道怎麼跟老闆開口，請教我措辭的方法，免得老闆不開心，影響前途發展。

我問他原來做什麼、調職後做什麼，他說：「都是現場領班，以前是管事情就好；調了新部門，還是領班，不過要管人。」

「為什麼你不想去新部門？」

「我的個性內向，做事專注，可以把事情管到不出問題，那是我擅長的，可是管人就不行了。」

你的一〇〇分，為什麼不如別人的八十分？

那時元旦剛過，新年新氣象，很多公司會選在年初做組織變革是想當然耳的事。而且不只是他，不少同事也被調動，老闆背後自有深意，假使大家都配合調動，獨獨他抗拒，不僅不能如願，恐怕還會留下壞印象，往後的日子未必好過，的確不合適跟公司 say no。

於是我轉而勸他不妨抱著接受挑戰的心情，嘗試不同工作，逐漸培養出管人的能力，也是一種學習與成長。只見他搖搖頭說不行，執意只做原本擅長的事，擔心硬要去管人，萬一搞砸了，前途黯淡無光，恐怕連工作都會丟了。接著他抬頭問我：

「你不是教我們要做自己最擅長的事，才能突顯自己獨一無二的價值嗎？」

沒錯，我的確是這麼教的！每個人都要從興趣出發，做喜歡做的事，就「全腦優勢 HBDI」（Herrmann Brain Dominance Instrument，用以評估人的大腦思維偏好）來看，從事「優勢腦」的工作，因為喜歡就會充滿熱情與幹勁，視為一生追尋的天命，樂此不疲，熟能生巧，便會成為一項專長，讓自己在這個世界安身立命，圖得溫飽，也自我實現。

可是，我同時也教大家要抱持「成長心態」，而不是「固定心態」，不能被所謂的「天生能力」給綁架，自我限制，給自己找藉口，比如常聽到的「這不是我的天分」、「我就是這方面最笨」、「我怎麼學就是學不來」……，這些說辭會產生莫大力量，在腦子裡下指令，教人停止學習與成長，最後整個人從此固定住，不再進步。

問題是，當有兩個人A與B，A會三項能力，B只會一項能力，誰的生涯發展比較吃香？顯然是A，不僅發展寬廣多元，連企業必須決定資遣名單時，A也比較容易逃過一劫。可是B不以為然，堅持自己在唯一會的這項能力上是一〇〇分，卻沒有去想公司只要求八十分就過關，一〇〇分並未比八十分占優勢，反而讓同事覺得吹毛求疵、難以溝通。

堅持只做能力範圍內的事非常危險，因為能力不見得一直是優勢，也可能是陷阱。它像會上癮的毒品，讓人越吸越重、跌進陷阱裡，直到深不可拔。當時代不斷往前推進，環境丕變，產業更迭，已經用不上這項能力，這些人卻困在既有能力裡面，無法因應潮流的變化，最終被拋棄在時代浪潮的後面，不為社會所用。

「真實的自己」正在戕害你

美國作家埃米尼亞．伊貝拉（Herminia Ibarra）提出的新名詞「能力陷阱」，正好說明這個現象。他在同名的書中提到，會掉進「能力陷阱」的人都具有一個共通性：只想做「真實的自己」，拒絕改變，無法認同自己成為另一個「非真實的自己」。這種堅持做原本自我的概念，她稱之為「真實性陷阱」。

的確如此，在職場上，當公司要求工作變動時，很多人第一個反應是反彈，理由也不脫這些：

我天生不是這塊料……

我原來做得好好的……

我喜歡做擅長的事……

每次上完課，不例外地總是圍上一群對未來迷茫的上班族，向我提出各種疑難雜症；其中，我最怕的是這種人：在一家公司待十幾二十年，工作從未變化，現在感受到危機了，不知道下一步何去何從。光是想像他的履歷，說有多乏善可陳就有多乏善可陳，單薄到不過是一張紙，簡直讓我不知從何幫起。

有一次我問一位行政人員有什麼專長，得到的答案是打字一分鐘五十個字，一般水準是三十三個字，很厲害呀，可是那又怎樣，如今有哪個行政工作需要一個聽打人員？用手機說話就會有字自動跳出來，還不會得肌腱炎！偏偏這樣的人還有一個嚴重致命傷：缺少人脈。他們每天上班下班，像時鐘一樣周而復始，除了同事外，不認識業界其他人。日復一日，這種人不知不覺走到死胡同裡，直到中年才發現掉進「路徑依賴」的泥淖裡，抽身不得，更別談什麼「漂亮轉身」。

一般人在看到失業的中年人時，常感到萬般不解，為什麼他們不能夠彎下腰身、能屈能伸，其實不是腰桿太硬所致，而是「路徑依賴」的結果，在同一份工作十年、二十年下來，離不開既有的生涯軌道。前面第二章〈你的前途，在第一份工作就決定了嗎？〉已提過，「路徑依賴」是美國著名學者布來恩．亞瑟和保羅．大衛共同提出的，類似物理學中的「慣性定律」，指的是一旦進入某一個路徑，無論好的壞的，就有可能對這個路徑產生依賴；在不斷自我強化之後，進入鎖定狀態，想要脫身會變得十分困難。

拒絕成為習慣的奴隸，未來才有路走

是的，很多人老早在年輕時就被鎖死在「第一份工作」或「第一項技能」裡，除了不具第二專長外，連未來有一絲風吹草動都難以適應，缺少擁抱「不確定性」的能力。以我為例，如果只會做報社編輯，在網路時代應該是死在沙灘上的第一波前浪，動彈不得；還好後來跳到不同領域，學會市場行銷、營運管理，現在還寫作與教課。

人是習慣的奴隸，做擅長的工作，越做越習慣，越習慣越上手，越有自信，就成了舒適窩，捨不得離開，最後有如長期吸食海洛因上癮一般，斷不了根。所以請記得，這個時代唯一不變的就是變，要存活就要求變，永遠要去適應組織的變動，主動學習、迎接挑戰，多一項能力就多一條出路。

5-7 上班族都該找到既焦慮又舒服的頻率

有個年輕人來找我諮詢他的人生下一步。他那時退伍後工作了五年，剛過三十歲，希望能夠交出一張漂亮成績單，於是打算和兩個朋友聯手創業。他說，雖然對要做的行業看好，但是不覺得自己會是一個好的創業者，因為：

「有時候，在工作上我會出錯。」

「那會怎樣？」

「如果連一名員工都做不好、一點小事應付不來，怎麼能夠創業當老闆，面對更大的挑戰？」

這類的說法，我經常聽到。可是依照我的觀察，未必如此啊！做小事和做大事需要不一樣的能力，當員工和當老闆要具備的條件也不一樣，經常是兩碼子事，南轅北轍，扯不到一塊兒。

不適任員工也許是個好老闆

我見過不少老闆，在創業之前並不是人人稱道的好員工，也就是說當員工與當老闆根本是兩個世界的人。當然，有些人能夠跨界，像演而優則導，從演員跨界成為導演，但是這種人畢竟少數，多數人一生都在各自的世界裡直至老死。

這樣的涇渭分明，就足以說明有些創業者屢仆屢起，最後沒本錢了，就去開計程車，為什麼？因為，計程車司機也是老闆啊！這些人一次當老闆，終身是老闆，無法回頭做員工。反過來看員工也一樣，除非被逼到失業，而且求職四處碰壁，才會想去創業；換個角度看，不正是雇用自己當員工嗎？

我有個朋友一向對任何事都有態度，在校時會舉手跟老師說「你這麼說是不對的」；畢業後換過多份工作，像是記者與老師，也做過保險與傳銷，直到有一次在帶領工會和公司進行抗爭後，被迫不愉快地離職，自此沒有公司敢用他。若是用一般標準來看，他可是如假包換的失敗上班族！

不過人生走到這裡，不過是個逗點，當時沒人想像得到，三十五歲的他被逼得不得已去創業，居然一路順風順水、經營得有聲有色。對於這個充滿諷刺意味的人生，他帶著一臉壞地說：

「原來我的一生只不過在證明一件事——我不適合當員工！」

十個老闆裡，有九個比你還不會做事

之前我讀《世界並不仁慈，但也不會虧待你》這本書，作者史考特．蓋洛威（Scott Galloway）寫過有名的暢銷書《四騎士的未來》，並創業過九次，是連續創業家，也是全球五十大商學院教授。每天看到媒體不斷讚頌創業家所需的技能與特質，包括有遠見、敢冒險、具備恆毅力，史考特自認幾乎不具這些技能與特質，而且依照他的觀察，真實情形是：

> 九〇％的創業家之所以會開公司，不是因為能力高超，而是因為缺乏成為出色員工所需的技能。

讀到這裡，我無法同意更多。我的前老闆是全台十大首富之一，有週刊報導，若將所有地產都算進來，他才是真正的首富。有一次他煞有介事地跟我們做員工的說，假使他來求職，一定不被錄取，理由只有一個：

「你們會的技能，我沒有一項是會的。」

他說的是一〇〇％事實，當時我心裡還有一個ＯＳ：他已經年逾六十，光是這一點要找工作就夠難了吧！因此如果把老闆全部趕到員工這個世界裡，不少人都要面臨失業。對此，史考特又在書裡寫道：

> 如果沒人雇用你，就成為自雇者。

沒錯，這句話也是真理。

生涯上半場受雇、下半場自雇

在我認識的創業者當中，不少比例是當上班族充滿挫敗，走投無路才被逼上梁山、自立為王。這似乎反映出一個大家都常忽略的可能性：做不好員工，不是不夠好，或許做老闆更好。反倒是那些把上班族做得優秀到無可挑剔的人，在這個池子裡如魚得水，不感到任何違和，就不會想到創業。

不過，這個年代任何舒服都是暫時的。越來越多上班族因為長壽，必須做到很老，像日本平均退休年齡七十歲、韓國六十五歲以上老人有四十四%在工作，台灣勢必很快會搭上這趟列車。問題來了，假使四、五十歲遇見中年危機，之後二、三十年要繼續工作謀生，則會面臨無人雇用的窘境，怎麼辦？

這是我一直不斷呼籲的觀念，在生涯上半場，因為年輕，容易受雇；然而走著走著，來到中年，進入生涯下半場，卡在年紀問題，一旦被資遣，將會變得難以再度受雇，這時必須像史考特說的，沒人雇用的話，就成為自雇者。

因此，中年以後，不少上班族大都會遇到自雇的必要性；不論創業或微創業，都不再只是生涯選項，而是人人必備的技能。

員工轉身困難，有三罩門

從員工世界跨足到老闆世界，很多人會心生恐懼，憂心技能不足，其實是多慮了。根據我輔導上班族做斜槓的經驗，發現在技能這方面，員工遠遠領先老闆們，個個都比老闆會做事，他們輸的是想都沒想到的下面三個罩門。這三點是在公司長期訓練下，人格定型之後，逐漸失去的珍貴特質：

一、失去犯錯的勇氣

這才是「員工思維」與「創業者思維」的最大分野。特別是優秀員工都是完美主義者，尤其害怕出錯，早已經成為訓練有素的狗，照著SOP做事，越來越被動，失去在叢林戰鬥的野性，消磨掉在組織以外獨立生存的本能。

二、失去相信自己的信心

人最終會變成自己相信的那種人，像是不少上班族雙眼黯淡無神，長期過著「平靜而絕望」的生活，腦袋裡盡是自我否定的負面想法，偏偏它們都不等於事實，久了就習得性無助，失去改變的動力。

三、失去吸引好事情的魅力

我們的宇宙是個巨大的能量運動場，關注什麼，就會把什麼吸引進生活。每天一成不變，重複上班與下班的固定路徑，自然不會帶來好事情、好人脈、好運氣，生命便陷於枯竭與貧乏，無可取用。

這世界上最大的風險，是什麼都沒做。今天越安逸，明天越危險。衷心盼望所有上班族都能提高警覺，認識到一旦人到中年，被企業背叛的機率日增，不妨趁早一邊上班、一邊做斜槓，嘗試微創業，把其中一隻腳伸進老闆的世界裡，保持兩種身分，跟著創業者一起共振，及早找到讓自己既焦慮又舒服的頻率，這才是維護生涯安全該有的基本調性。

5-8 要會救火，偶爾也要會失火

我斜槓班的學生史帝夫去年「被失業」了，業界都大表震驚！史帝夫在工作上積極投入，做人則謙沖有禮，大家都敬佩他。最重要的是這一點：他的業績做得太好了，年年達成目標一三〇%以上；甚至有一年產業大翻轉，公司整體達標七〇%，他還是穩穩站在一三〇%，跌破眾人眼鏡，足見他強大的實力與非凡的努力。

時過一年，我想他應該心情恢復一些，找他聊聊，才知道去年他曾找了我的忘年之交李益恭大哥談過。在人資界，大家都叫他英文名字縮寫ＡＹ的益恭大哥，在幫史帝夫分析之後，給了一個由衷的勸告：「你這人太會救火，但是忘掉做另一件事。」

「什麼事？」

「還要會失火。」

聽到這裡，我不禁大笑起來，上班三十多年，從基層做到高階，對於這個說法格外能夠心領神會，再同意不過。可是我相信，很多努力工作、從不失分的模範寶寶們在年輕時是無法明白話裡的深意，除非有一天該他升官，結果是別人，或是該別人走路，卻變成他被攆走，百思不得其解時，慢慢就能夠體會出來。

動不動「沒問題」，就會出大問題

沒錯，史帝夫的問題正是：很會救火，惹人眼紅；不會失火，惹人討厭。

史帝夫從來「使命必達」，不管公司交付的任務有多艱難，都會上刀山下油鍋完成。第一次，老闆會覺得他是個人才；時間久了，老闆麻痺了，認定史帝夫達成任務是理所當然，不再有興奮感；到了第三階段，老闆的想法悄悄地出現變化：「我交給史帝夫的工作是不是太簡單了？」

當然了，老闆並未去體察這些任務達成的背後，史帝夫付出的代價是每天早上七點上班、晚上十二點下班，必須灌下兩瓶啤酒才能合眼入睡，以及後腦勺冒出一個五十元硬幣大的鬼剃頭，還有屬下都壓力大到不行。

但是，史帝夫絕口不向老闆說這些無關公事的五四三，他的看法是：「老闆找我來是解決問題，讓他放心；不是製造問題，給他擔心。」

結果呢？當公司要縮減人事時，老闆竟把他帶的部門含他一併裁了。其他員工替史帝夫不平，AY卻說史帝夫要負起大部分責任；乍聽很詭異，但是細細追究起來，竟然不無道理。

先來看看開會現場，便可窺得一二。當老闆問大家對於新任務有沒有問題時，史帝夫會說：「沒問題，交給我就是，老闆請放心。」後面沒下文了，請問老闆要怎麼接話？懂得靠腰的主管不一樣，會提出各式各樣問題，像是人力不足、時間不夠、預算要再追加、客戶重新分配等，於是老闆轉頭跟他熱烈討論起解決辦法。

誰拿到老闆最多的注意力，以及最多的資源與協助？

當然不是「超人單位」的史帝夫，而是「問題單位」的主管。

贏得父母最多關注的，往往是「問題孩子」

當老闆投注的心力產生失衡，便會產生偏誤的觀點，認為「問題單位」的工作比較艱困。當這個部門達成任務，老闆與有榮焉；任務失敗時，老闆會幫忙歸咎於外在環境。如果這時候史帝夫再度做到目標，老闆有些不是滋味，便會自圓其說，在心中默默解釋成工作簡單所致，嘴巴卻不會說出來。

假使「問題單位」造成的火勢太大，整個森林延燒不已，老闆會用共體時艱的理由，要「超人單位」跳下火坑，幫忙滅火。這時候，猴子跳到「超人單位」史帝夫的肩上；後來若是救不了火，則是史帝夫努力不夠或是能力不足。

然而一般員工的想法恰恰相反，總以為「超人單位」的貢獻值比較高，其實這是忽略了老闆的心理因素。公司是老闆的，加上沒有老闆不是控制狂與工作狂，當然要給老闆主導的權力空間——他們也需要參與感與成就感。誰可以滿足老闆這兩種感覺？答案不是「超人單位」的史帝夫，而是「問題單位」的主管。

這個情形，跟父母帶孩子是一樣的。我遇見過一個長子，本來功課頂尖，父母覺得不需要特別注意他，全副心力都放在不讀書又逃家的弟弟身上，有時候還會責怪長子：「你這個哥哥是怎麼當的？」後來長子也想要爭寵，索性不讀書了，父母分身乏術，來不及兩邊救火，最後整個家都「燒沒了」，兩個孩子都出問題。說起來，「問題單位」滿像這位弟弟，不乖反而得寵。

我也曾經看過一名工程部門主管天天出包，老闆天天忙著救火，給他不斷加人與預算，還重金聘請外包單位來幫他。雖然老闆不時會唸他兩句，但是後來全部高階主管被逼走，唯獨他屹立不搖，讓人傻眼！公司營運越做越差，老闆卻看不出來問題出在哪裡，因為老闆只能在他身上刷存在感。

懂得向老闆求救的，才是聰明人

相反的，像史帝夫這類超人，有以下五個共同特性：

一、從來不對任務說不
二、從來使命必達
三、從來不抱怨工作
四、從來不示弱
五、從來不找藉口

他們完美得有如聖人，平常大家愛跟他共事，可以沾光拿到好績效；私底下卻跟他不同掛，有吃有喝有玩不會找他，談不上有私交。甚至競爭對手會眼紅，在老闆面前給他穿小鞋，老闆聽三次曾參殺人，久了也會信的。

更重要的是，超人們常忘了一件事：全公司只能有一個超人，那就是老闆！這些人的問題在於功高震主，不留一點機會讓老闆展現英明睿智、不留一個缺口讓老闆對他們說教訓話、不留一次失火讓老闆出手救火……；那麼，老闆會感到無趣，逐漸改變對超人的看法。偏偏超人樂在工作，對於人性鈍感，慢慢失寵而不自覺。

記得，沒有人打從心底喜歡聖人。曾有心理學實驗把學生分成四類：功課差、功課好、功課差且會出錯、功課好但會出錯，你猜哪一種人最受歡迎？居然是功課好但會出錯的學生，而不是功課好且完全不會出錯的學生，心理學稱之為「出醜效應」。

會犯錯，讓人覺得跟你是同一國，願意接近你，產生情感連結。

尤其是在裁員等重大時刻，跟老闆的關係是最後拍板決定的關鍵。因此要會救火，也要偶爾失火一下，犯個小錯讓老闆來救你，他會更喜歡你，心理學稱這是「富蘭克林效應」，指曾經幫過你的人，比你曾經幫過的人，更願意幫助你。老闆若是幫不了你，無法施捨人情給你，就不會相信你具有值得他幫你的優點，便很難喜歡你。所以，要懂得向老闆求救。

最後，開會接到新任務時，教你三招：

一、條列出可能發生的問題

二、請求老闆幫忙出手相救

三、一切功勞歸功於老闆的英明睿智

這不是低頭示弱，也不是逢迎拍馬，而是給老闆權力與舞台，就是給自己活路一條。而與同事相處時也要切記：你的弱點是別人的平衡點。

5-9 專業力第一課：遇到事情時，懂得延遲判斷

有天上課時，有位坐在第一排的學員頻頻打瞌睡，有幾次還差點跌出座位。下課之後，在一堆排隊諮詢的學生之後，他竟然出現！微彎著腰，一疊聲對不起，並且解釋道：

「老師講得很精彩，是我不對！昨晚輪大夜班，早上才下班，可是又不想錯過老師的課，硬是趕過來，哪裡知道還是撐不住，太累了！」

喔……原來如此，這個理由太出乎意料之外。

東想西想，容易心亂如麻

其實他大可以下課就一走了之，當作沒發生，可是他特別過來跟我解釋，足見有多在意、多尊重我，這樣的誠意已經夠令人感動！而我也慶幸沒想太多，比如我是不是講得不好，或是這個人是不是來鬧場的……

一旦東想西想，就會心亂如麻，哪裡能夠一口氣講完三個小時？可見得延遲判斷、不給評價，等於不預存成見，有助於心理素質的提升！

換到職場，遇到事情時，在上位者要能夠帶領下位者往前走，不先做任何「評價」也是重要的一課。因為像這類反常的事，評價通常是朝負面發展，越想越糟，很容易不分青紅皂白先亂罵一通，屬下就會感到委屈與不平，心情壞了，事情也就壞了，還能怎麼談領導力呢？

後來有一天上線上英文課，每堂課是四十五分鐘，上到半小時左右，有位男同學才「衝」進教室，這是我第一次見到遲到這麼久的。結束時，這位男同學沒打算讓這件事靜悄悄過去，而是抓緊機會向老師致歉，並說明原因：

「剛剛我們家停電，好不容易才修好……」

喔……原來如此，想都沒想到是這個原因。卡內基訓練的台灣創辦人黑幼龍近期有本書《走出一條不平凡的領導之路》，提到美國有一位百貨公司經理人到卡內基學習主持會議的方法，學到兩個最重要的觀念，第一個居然是「延遲判斷」。

也就是不要急於評價，這點完全說到位！

分清「事實」與「評價」再做判斷

當事情發生時，一般人之所以有各種情緒發生，生氣啦、沮喪啦，全是因為還未了解事情真相，就先在腦子裡演出各種小劇場。比如聽到同事說老闆對自己的專案有意見，便展開無限想像，判斷成以下各種情況，先入為主地想著：

「完了！一定哪裡出包了。」

「老闆這一陣子都在盯我，這次一定會把我釘在牆上。」

「老闆為什麼不自己來跟我說？有這麼嚴重嗎？會不會要我滾蛋？」

這當中你一定有發現，當我們急於判斷時，所想像出來的情節十次有九次落空，不符合事實，前面的恐懼與焦慮都是多餘，根本是自己嚇死自己，不是嗎？所以下次再產生恐懼或焦慮時，不妨先釐清：它們是想像出來的，還是真實發生的？

再來，當我們在轉述事情時，為什麼老是惹事生非、禍從口出？原因也一樣，我們無法分辨「事實」與「評價」是不同的兩回事，就使得在轉述時不知不覺夾議夾敘，既有事實也有評價。聽在別人耳裡，由於有部分事實，就自然會假設全部內容都等於事實，於是再轉述下去，當然越傳越離譜。

提意見時，要有根有據

我在大學讀新聞系時，學到的新聞寫作第一原則就是忠於事實，因此嚴禁夾議夾敘。但是在這個「沒有立場就沒有市場」的時代，媒體從業人員卻必須預存立場，而且不可避免地夾議夾敘，才會出現「媒體識讀」的需求，否則我們無從分辨記者說的究竟是還原事實，還是摻雜他個人的評價或媒體的立場。

因此，回到職場的日常，當我們向老闆或主管報告事情時，不可能不事先做判斷，預先有方案，但是原則是不要急於給評價，最好是分成兩個階段做報告：

第一個階段：報告事實

源源本本說清楚事情的來龍去脈，不要摻雜個人意見，否則會導致主管或老闆的誤判。當主管或老闆聽完報告，通常會問：「那你的看法呢？」這時再加入自己的意見尚不遲。

第二個階段：說明自己的意見

在提出意見時，想要具有說服力，很重要的原則仍然是回歸客觀中肯，也就是最好舉出佐證，比如過去的例子、統計的數據、業界的做法、專家的意見等。聽起來好像不是你說的，但是其實就是你的意思，這是為了讓自己倍增專業形象的一個關鍵要領，比如：

「業界過去都是這麼做的……」

「最近有一條新聞說……」

「我們這次的調查顯示……」

當你這麼陳述意見時，主管或老闆會怎麼想？首先他們會認為你有做功課、你很專業，接下來就會覺得你是一個有腦子的人才！反過來說，以下這種說法就會讓人覺得沒做功課、不用腦子，也覺得你的意見沒什麼參考價值，人微言輕，憑什麼他們要聽你的：

「我覺得也許這麼做還不錯……」

「我以為事情應該是這樣的……」

不評價別人是一種修養

不論在生活或職場，我們要學會延遲判斷，不急於給評價、下結論，因為它們會蒙蔽事實、誤導事實，因此我們要學會以下兩件事：

生活層面：

一、順序要對：對於別人的事，在沒弄清楚之前，不要急於評價。

二、理由要好：對於和自己有關的事，最好給一個理由，讓對方釋疑。而且說法要誠實，卻不必老實。

職場領域：

一、順序要對：對於公司的事，先報告事實，再陳述評論。

二、說法要有力：對於公司的事，在給評論時，用客觀的佐證來支撐個人的主張。

記得，在生活上，不急於評價別人是一種修養的層次，因為沒有人有資格批評別人；在職場上，不急於評價事情是一種專業的展現，因為唯有釐清事實才能做出客觀的判斷；在領導上，不急於評價屬下是一種尊重的表示，因為唯有如此，才能讓屬下感受到真正的關心。

國家圖書館出版品預行編目資料

這世界,是留給膽子大的人/洪雪珍作. -- 臺北市：商周出版, 城邦文化事業股份有限公司出版：英屬蓋曼群島商家庭傳媒股份有限公司城邦分公司發行, 2022.1
面； 公分
ISBN 978-626-318-106-9(平裝)

1. 職場成功法 2.工作心理學

494.35 110020520

這世界，是留給膽子大的人

作　　者／洪雪珍
責任編輯／程鳳儀

版　　權／林易萱、吳亭儀、黃淑敏
行銷業務／林秀津、周佑潔、黃崇華
總 編 輯／程鳳儀
總 經 理／彭之琬
事業群總經理／黃淑貞
發 行 人／何飛鵬

法律顧問／元禾法律事務所 王子文律師
出　　版／商周出版
台北市中山區民生東路二段141號4樓
電話：(02) 2500-7008 傳真：(02) 2500-7759
E-mail：bwp.service@cite.com.tw
Blog：http://bwp25007008.pixnet.net/blog
發　　行／英屬蓋曼群島商家庭傳媒股份有限公司城邦分公司
台北市中山區民生東路二段141號2樓
書虫客服服務專線：(02)2500-7718・(02)2500-7719
24小時傳真服務：(02)2500-1990・(02)2500-1991
服務時間：週一至週五09:30-12:00・13:30-17:00
郵撥帳號：19863813 戶名：書虫股份有限公司
讀者服務信箱E-mail：service@readingclub.com.tw
歡迎光臨城邦讀書花園 網址：www.cite.com.tw
香港發行所／城邦（香港）出版集團有限公司
香港灣仔駱克道193號東超商業中心1樓
Email：hkcite@biznetvigator.com
電話：(852)2508-6231 傳真：(852)2578-9337
馬新發行所／城邦(馬新)出版集團 【Cite (M) Sdn. Bhd.】
41, Jalan Radin Anum, Bandar Baru Sri Petaling,
57000 Kuala Lumpur, Malaysia
電話：(603)90578822 傳真：(603)90576622
Email：cite@cite.com.my

封面設計／徐璽工作室
電腦排版／唯翔工作室
印　　刷／韋懋實業有限公司
總 經 銷／聯合發行股份有限公司 電話：(02)2917-8022 傳真：(02)2911-0053
地址：新北市231新店區寶橋路235巷6弄6號2樓

■ 2022年01月11日
■ 2022年09月27日初版3.3刷
Printed in Taiwan

城邦讀書花園
www.cite.com.tw

定價／380元

ISBN 978-626-318-106-9